수학 인터뷰,
그분이 알고 싶다

수학 인터뷰, 그분이 알고 싶다

역대급 수학자 7명과의
신개념 수학 토크

문태선 지음

차례

수학자들의 목소리로 듣는 '찐' 수학

수학 전문 유튜버 '수르'와 수포자 대표 '수날두'가
역대급 수학자들을 모시고 나누는 아주 특별한 대담!
오늘 저녁 8시 첫 방송! 놓치지 마세요!

수르   구독자 여러분, 안녕하세요. '수학 열정 만수르'의
'수르'입니다. 이렇게 수학 콘텐츠로 만나게 되어 무척
반갑습니다. 수날두 씨도 자기소개 하실까요?

수날두   안녕하세요. '수학아 날 두고 가라'의 '수날두'입니다.
수능 만점의 살아 있는 신화, 수르 씨와 함께하게 되어
대단히 영광스럽고 상당히 부담스럽네요. 다른 인터뷰
방송에서는 혼자 진행하던데 특별히 저를 부른 이유가
있을까요?

수르   아무래도 저 혼자 진행하기엔 어려운 질문이 많을

것 같아서요. 알다시피 저는 수능 만점자라서 수학을 싫어하고 원망하는 민원성 댓글에 답하기 어렵습니다. 수학이 어렵다는 걸 경험해 본 적이 없어서 말이죠. 하하하!

수날두 수르 씨는 대학도 한 번에 철썩 붙었다더니 정말 '재수'가 없으시군요. 아하하! 그럼 수르 씨가 수학자들과 얘기를 나눌 때 저는 수학으로 골치 아파하는 분들을 대신해 질문하고 공감하면 되는 건가요?

수르 맞습니다. 대한민국에서 유쾌한 소통의 일인자 하면 수날두 씨 아니겠습니까?

수날두 말이 나왔으니 말인데 제가 사실 수학 빼면 못하는 게 없거든요. 축구는 호날두 뺨치게 잘하고, 예능은 국민 메뚜기도 울고 갈 정도 아닙니까? 그런데 학창 시절에 맨 끝에서 1등을 놓쳐 본 적 없는 저의 경험이 이렇게 또 방송에서 빛을 발하게 될 줄이야… 사람 참 오래 살고 볼 일입니다.

수르 사실 이번 특집은 얼마 전 방송의 댓글을 보고 기획한 겁니다.

수날두 얼마 전이라면… 혹시 노벨상 수상자인 존 내시와 함께 진행한 〈존내 쉬운 수학〉 말인가요?

수르   네. 라이브 방송 중에 진저리 님이 "세상에서 제발 수학
        좀 없애 주세요!"라는 댓글을 다셨는데, 그 후에 "도대체
        수학은 누가 만들었냐!", "수학 때문에 시험을 망쳤다",
        "내 인생 책임져라" 같은 성토가 이어지면서 결국 방송을
        중단하는 사태가 벌어졌거든요.

수날두   그렇다면 이번 방송에서는 수학을 정말로 없애야
        하는지, 아닌지를 두고 썰전이 벌어지겠군요.

수르   수학을 좋아하는 제 팬들 같은 경우에는 반대하는
        주장을 펼치겠죠? 아무래도 두 입장의 대립이 팽팽할
        것으로 예상됩니다.

수날두   이야, 이거! 만만치 않은 토크가 되겠는데요? 출연하는
        분들도 단단히 준비하고 오셔야 할 것 같습니다.

수르   상황을 말씀드리니 긴장하는 눈치긴 합니다만 다들
        정상급 수학자들이니 크게 걱정하지 않아도 될 것
        같습니다. 자기 연구에 대한 프라이드가 엄청난
        분들이니까요.

수날두   그렇겠죠? 사실 저는 제가 걱정입니다. 수학자분들이
        하는 얘기를 혼자만 못 알아들으면 어쩌나 싶거든요.
        학창 시절의 수학 공포증이 다시 살아나는 것 같습니다.

수르   그래서 제가 출연하는 분들께 특별히 몇 가지 부탁을

드렸습니다. 첫째, 쉽게 설명할 것. 둘째, 더 쉽게 설명할 것. 셋째, 못 알아듣는다고 버럭 호통치지 말 것.

수날두   일단 수르 씨 말을 믿어 보겠습니다. 그래도 혹시 몰라서 중학교 교과서로 공부를 좀 하고 왔습니다.

수르   역시 준비성이 철저하십니다. 어? 채팅창에 벌써부터 질문이 올라오고 있네요. 누가 나오냐, 잘생겼냐, 시험 문제 좀 풀어 달라고 해도 되냐 같은 질문들. 좋습니다.

수날두   여러분, 궁금한 게 많으시죠? 질문을 올려 주시면 'Q&A: 그것에 답해 드림' 시간에 속 시원히 답해 드리겠습니다.

수르   그럼 바로 시작할까요? 본방 사수! 구독과 좋아요 꾹!

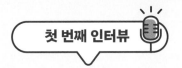

피타고라스

"세상 모든 것이 수라는 사실!
믿습니까?"

- - - - - - - -

기원전 580년경 ~ 500년경

고대 그리스의 수학자이자 철학자, 신비주의자, 종교가. 피타고라스 학파를 만들었으며, 세상의 이치를 수로 설명하기 위해 기하학, 천문학, 음악 등 여러 분야를 연구했다. 주요 업적으로 피타고라스의 정리와 피타고라스 음계 등이 있다.

수학 역사에서 이분을 절대로 빼놓을 수가 없죠! 직각삼각형의
세 변의 길이 사이에서 성립하는 공식. 좌표평면 위에 찍힌 두 점
사이의 거리를 계산할 때 꼭 필요한 정리. 중학생이면 자다가도
줄줄 외우는 수학 공식의 인싸! 무엇일까요? 바로 '피타고라스의
정리'입니다. 오늘 이 공식의 주인공을 첫 번째 게스트로 모십니다.
박수로 환영해 주세요!

피타고라스 이렇게 열렬히 환영해 주다니 감사합니다. 환대와
박수를 받는 게 거의 2,500년 만인 것 같아 감회가
새롭네요. 안녕하세요. 산타 할아버지가 매년 받는
크리스마스 편지만큼이나 많은 탄원서를 받고 있는
수학자 피타고라스입니다.

수르 환대와 원망에 모두 익숙하신 모양입니다. 피타고라스
님의 정리가 전 세계 학생을 괴롭히고 있으니 원망을

받는 건 이해가 갑니다만, 도대체 환대는 어디서 받으신 걸까요?

피타고라스 저를 따르는 무리가 있었죠. 그 무리를 모아 제가 학교를 만들었고요. 피타고라스 학파라고… 혹시 못 들어 보셨습니까?

수날두 저는 처음 듣는데 수학을 같이 공부하는 모임인가요?

피타고라스 네. 수와 기하학을 주로 공부했습니다. 천문학, 음악, 철학도 함께요. '세상은 무엇으로 이루어졌는가?'에 대한 근본적인 답을 얻고 싶었거든요.

수르 "만물은 수다"라는 명언을 남기셨던데, 혹시 이 말이 연구의 최종 결론인가요?

피타고라스 그렇습니다. 세상의 모든 현상과 원리는 수로 설명이 가능하거든요.

세상이 온통 수라서

수날두 너무 과장된 결론 아닙니까? 세상을 어떻게 전부 수로 설명할 수 있죠? 그렇다면 저라는 사람도 수로 설명이 가능하다는 건가요?

피타고라스 그럼요. 수날두 씨는 '1'이라고 할 수 있겠습니다.

'한' 사람이라서 '1'이고, 모든 관계의 시작이라 '1'이

됩니다. 우주의 모든 현상은 서로 맞물려 일어나지

않습니까? 그리고 모든 관계는 바로 나로부터 시작하죠.

삼라만상의 시작은 숫자 1로 상징됩니다.

수날두 모든 것의 시작은 1이다. 아주 틀린 말은 아닌 것 같은데,

보충 설명이 필요해 보입니다.

피타고라스 숫자 1 다음에 오는 짝수 2와 홀수 3은 각각 여성과

남성의 원리를 상징합니다. 모든 것의 시작인 1로부터

여성과 남성의 수가 생겨났으니 우주에 비로소 질서가

잡히고 완성이 되겠죠? 그렇게 4는 완성과 질서의 수가

됩니다. 플라톤 역시 우주가 물, 불, 흙, 공기라는 네 가지

물질로 이루어져 있다고 생각했거든요. 그러니 1, 2, 3,

4는 여러모로 우주의 원리를 설명한다고 볼 수 있습니다.

수날두 그렇다면 5는 결혼을 의미하나요? 여성과 남성의 수를

합하면 5가 되니까요.

피타고라스 수날두 씨, 의외로 수학 센스가 있군요? 맞습니다. 5는

결혼의 수입니다. 그리고 1부터 4까지를 모두 더한 10은

신성한 수가 되지요. 네 가지 원소인 물, 불, 흙, 공기가

우주를 이루는 것처럼 1+2+3+4=10이 되는 겁니다.

수날두 플라톤의 주장도 수로 설명된다니 놀랍네요!

피타고라스 그림으로 나타내면 10이 가진 신비를 눈으로도 확인할
수 있습니다. 1, 2, 3, 4를 한 줄씩 점으로 찍으면 점
10개로 이루어진 삼각형이 만들어집니다. 숫자가 도형이
되는 거예요. 신기하지 않습니까? 그것도 모든 도형의
기본이 되는 삼각형이 말입니다. 그리스의 기하학은
바로 이 삼각형에서 출발하죠.

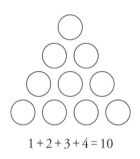

$$1 + 2 + 3 + 4 = 10$$

수르 도형도 결국 수로 설명이 가능하다는 말이군요.

피타고라스 물론입니다. 차원의 관점에서 10이라는 숫자를 설명하면
신비로움이 더 커집니다. 점이 0차원인 것은 다들 알고
있죠? 점 2개를 찍어서 연결하면 1차원인 직선이 됩니다.
점 3개를 찍어서 삼각형을 만들면 2차원 평면이 되고요.
마찬가지로 점 4개로는 3차원 입체 도형인 사면체를
만들 수 있습니다. 우리가 살고 있는 3차원 공간이

만들어지는 거지요. 결국 점 4개만 있으면 우리가 인식할 수 있는 모든 차원을 만들 수 있습니다. 그러니 1부터 4까지를 합한 숫자 10은 우주를 아우르는 수라고 할 수 있겠죠.

수르 　대상이나 현상을 모두 수를 이용해 추상화하고, 상징화하시는군요. 저는 이해됩니다만 수날두 씨 표정은 아직도 뭔가 찜찜해 보이는데요?

불완전한 세상의 너라는 유리수

수날두 　세상에는 1, 2, 3, 4 말고도 훨씬 많은 수가 있잖아요. 그 수들은 다 어떻게 설명하실 겁니까?

피타고라스 　수의 의미를 설명하는 방법은 많습니다. 예를 들어 숫자 6을 볼까요? 6을 소인수분해 하면 1, 2, 3, 6이라는 약수가 생깁니다. 그중에 자기 자신인 6을 뺀 나머지 약수를 모두 더하면 1+2+3=6이 됩니다. 너무나 완벽하지요? 그래서 이런 수에 '완전수'라는 이름을 붙였습니다. 성경에서도 신이 천지를 창조할 때 6일이 걸렸다고 하지 않습니까. 이렇게 자신을 뺀 약수의 합이

자기 자신과 정확하게 일치하는 경우는 매우 드뭅니다. 하지만 계속해서 찾을 수는 있어요. 다음 완전수는 28이고, 그다음은 496, 또 그다음은 8,128이거든요. 물론 완전수를 계속해서 찾는 게 생각만큼 쉽지는 않습니다. 8,128 다음부터는 100만을 넘어가니까요.

수르 　완벽함은 완전수로 설명할 수 있군요. 그런데 세상은 원래 좀 불완전하지 않습니까?

피타고라스 　완전수가 아닌 수들은 부족수나 과잉수로 설명할 수 있습니다. 예를 들어 8의 약수는 1, 2, 4, 8이고, 8을 제외한 나머지 약수를 더하면 1+2+4=7이 됩니다. 자신을 제외한 약수의 합이 자기 자신인 8보다 작은 거예요. 이런 수가 바로 '부족수'입니다. 반대로 20의 약수 중 20을 제외한 수를 모두 더하면 1+2+4+5+10=22가 되어 '과잉수'가 됩니다.

수날두 　완전수, 부족수, 과잉수 얘기를 듣다 보니 자연수를 1과 자신만으로 나누어지는 소수와 소수가 아닌 합성수로 구분 짓던 기억이 나네요.

피타고라스 　하나의 현상을 다양한 각도에서 바라볼 수 있듯이 숫자도 여러 가지 의미로 해석할 수 있는 겁니다. 그런데 그 '숫자'라는 게 어디까지냐가 중요해요. "만물은 수다"라는 제 말에서 '수'는 '유리수'를 가리키거든요.

유리수는 $\frac{b}{a}$와 같이 분수의 형태로 나타낼 수 있는 수를

말하잖아요. 다시 말해 두 수 사이의 관계를 나타내는

수가 유리수입니다. 그러니 우리가 살아가는 세상의

모든 관계는 유리수로 설명될 수 있겠죠.

수날두   뭔가 묘하게 설득되네요. 제가 들었던 수학 수업

중에 지금이 제일 이해가 잘되는 것 같습니다.

저도 피타고라스 님이 만든 그 학교에 들어가고

싶어지는데요?

피타고라스   오호, 그럼 선택해 보시죠. 그냥 가볍게 수업만 들을

건지, 아니면 깊이 있는 토론을 원하는지.

수날두   저는 가볍게 듣는 반으로 들어가겠습니다.

수르   저 같은 인재는 당연히 토론에 참석해야겠죠?

피타고라스   좋습니다. 그러면 수날두 씨는 일반 학생인

'아쿠스마티코이(akousmatikoi)'가 되고, 수르 씨는 진짜

회원인 '마테마티코이(mathematikoi)'가 되겠네요. 아!

가입하기 전에 전 재산을 저희 학파에 기증하는 것을

잊지 마시고요.

수날두   네? 제 전 재산을요? 왜요?

학파라는
이름의 공동체

피타고라스 피타고라스 학파는 단순히 모여서 공부만 하는 곳이
아닙니다. 삶의 모든 것을 함께하죠. 가지고 있는 것을
전부 공유하고 서로에게 헌신하며 심오한 학문적 교류를
하는 공동체거든요. 그러니 저희 학파에 들어오면
세속적인 삶에서 느꼈던 정신적 빈곤이나 외로움 따위를
느낄 일이 없습니다. 끈끈한 동료애를 나누며 매일
지적으로 성장하는 기쁨을 느낄 수 있으니까요. 진정한
의미의 순수하고 고결한 삶을 살게 되는 겁니다.

수르 듣다 보니 약간 사이비 종교의 냄새가 나는데요.

피타고라스 제가 교주처럼 추앙받은 면이 없지는 않습니다. 종교적
명상도 우리의 중요한 일과 중 하나였거든요. 다른
사람들이 보기에 우리 학파는 매우 폐쇄적이고 배타적인
종교 단체로 보였을 겁니다. 연구 결과를 외부에
발설하지 않는 것이 원칙이었기 때문에 다른 사람들은
우리가 무슨 연구를 하는지 알 수 없었거든요.

수날두 연구한 걸 같이 공유하면 좋을 텐데 왜 그렇게 조직을
비밀스럽게 유지하셨죠?

피타고라스 우리가 연구한 내용을 발표했으면 아마 난리가 났을
겁니다. 보통 사람들이 받아들이기에는 내용이 너무
심오한 데다가 시대를 앞서간 부분이 있었으니까요.
그러니 만약 발표를 했다면 질문이 홍수처럼 쏟아졌을
거예요. 거기에 일일이 답을 해줄 수도 없는 노릇이고요.
저희도 연구를 계속해야 하니까요. 그리고 생각해
보세요. 열심히 연구한 내용을 그렇게 홀랑 알려 주면
누가 우리 학파에 들어오려고 하겠습니까? 나 같아도
가만히 있다가 발표 내용만 냉큼 듣고 공부할 것
같은데요. 안 그렇습니까?

수날두 그럼요. 공짜로 공부할 수 있는데 굳이 돈을 내며 배우는
사람은 없겠죠.

피타고라스 듣자 하니 요즘엔 지적 재산권이 그렇게 중요하다면서요?
저도 그 지적 재산권을 주장한 겁니다. 무려 2,500년
전에요.

수르 정말 시대를 앞서가셨네요.

피타고라스 그뿐만이 아닙니다. 저희 학파에는 여성 학자도
있었거든요. 당시에는 여성이 공공장소에 모이거나
자기 생각을 말하는 것이 금지되었습니다. 그런 시대에
제가 남녀평등을 실현한 겁니다. 그것도 학문을 함께

연구하는 모임에서 말입니다. 정말 대단하지 않습니까?

수르 　그렇네요. 그런데 연구 결과에 대한 비밀 유지가 정말 되던가요? "낮말은 새가 듣고 밤말은 쥐가 듣는다"라는 옛말도 있듯이 세상에 영원한 비밀이란 없을 것 같거든요. 혹시 비밀을 지키기 위한 방법이 따로 있었나요?

피타고라스 　일단 학파에 들어올 때 비밀을 지키겠다는 서약을 시킵니다. 수업은 오로지 말로만 진행하고, 노트에 적거나 기록을 남기는 것을 엄격히 금지했습니다.

수날두 　만약 서약을 어기면 어떻게 되나요? 무리수를 발견했다는 사실을 외부에 알린 제자 히파수스를 물에 빠뜨려 죽였다는 소문이 있던데요. 그게 사실입니까?

피타고라스 　어허! 거참! 어디서 그런 헛소문을 듣고 와서 저를 추궁하는 겁니까? 인류에게 크나큰 선물을 준 저 같은 대학자에게 범죄자라는 누명을 씌우다니. 정말 참을 수가 없군요! 방송이고 뭐고 그냥 집에 가야겠습니다.

수르 　아니, 선생님! 이렇게 가시면 안 되죠. 선생님이 그러셨다는 게 아니라 혹시 학파 내에서 그런 건 아닌가 해서 드린 질문입니다. 구독자분들이 너무 궁금해서요.

피타고라스 　분명하게 말씀드리는데, 저는 맹세코 그런 적이

없습니다. 설사 그런 일이 있었다 하더라도 저는
모르는 일이고, 이미 공소시효가 지난 사안이니 다시는
언급하지 않았으면 합니다. 무리수에 '무' 자도 듣기 싫은
저로서는 여러모로 몹시 불편한 얘기입니다.

수날두   불편하게 하려던 건 아닙니다. 진정하시죠, 선생님.

피타고라스   저는 아주 명확한 사람입니다. 근거 없는 소문에
휘말리거나 오해받는 걸 굉장히 싫어해요.
아시겠습니까?

수르   그럼요, 압니다. 자자, 수에 대한 얘기는 여기까지 하고
선생님의 업적 중에 가장 유명한 피타고라스의 정리에
대해 이야기를 나눠 보죠. 오랜만인 분들도 계실 테니
짧게 설명해 주실까요?

피타고라스의,
피타고라스에 의한 정리

피타고라스   직각삼각형에는 변이 3개 있잖아요. 그중에 직각과
마주 보는 변을 빗변이라고 합니다. 세 변 중에 가장 긴
변이죠. 나머지 두 변은 각각 밑변과 높이라고 부릅니다.
그런데 직각삼각형에서는 빗변의 길이를 제곱했을 때의

값이 밑변과 높이의 길이를 각각 제곱해서 더한 값과
항상 같아요. 그게 바로 제 이름을 딴 '피타고라스의
정리'입니다.

수날두   저도 엄청 외웠던 기억이 나네요. 밑변과 높이의 길이를
a와 b, 빗변의 길이를 c라고 할 때 $a^2+b^2=c^2$ 맞죠?

피타고라스   수날두 씨, 학교 다닐 때 맨날 꼴찌만 했다고 들었는데 제
정리는 기억하시네요.

수날두   수학 선생님이 다 외울 때까지 집에 보내지
않으셨거든요. 그런데 사실 공식만 알지 문제 풀이는 잘
못합니다.

피타고라스   피타고라스의 정리는 도형에서 모르는 길이가 있을 때
그 길이를 구하기 위해 주로 쓰입니다. 직각삼각형에서
두 변의 길이를 알면 나머지 한 변의 길이를 알아낼
수 있으니까요. 또 두 점 사이의 거리를 구할 때도
사용됩니다. 예를 들어 두 점의 위치가 (x_1, y_1), (x_2, y_2)일
때, 두 점 사이의 거리는 $\sqrt{(x_1-x_2)^2+(y_1-y_2)^2}$ 이 되지요.

수르   실생활에서는 언제 어떻게 쓸 수 있을까요?

피타고라스   직각이 있는 곳이라면 어디서나 쓸 수 있습니다.
건물의 설계도를 그리거나 고층 건물의 높이를 잴 때,
이삿짐센터에서 사다리를 제작할 때, 산이나 언덕,

계단의 경사로를 측정할 때, 출발 지점에서 도착
지점까지의 최단 거리를 계산할 때, 폭풍우로 부러지기
전 나무의 높이를 알고 싶을 때, 다리를 놓기 위해 강폭을
잴 때 등 활용 범위는 그야말로 무궁무진합니다.

수날두 하긴 강폭을 재기 위해 강변에 줄자를 묶고 헤엄쳐
갈 수는 없는 노릇 아닙니까? 살아남기 위해서라도
피타고라스의 정리는 꼭 배워야겠네요.

피타고라스 수날두 씨에게 수학을 배워야 하는 이유가 하나 생긴 것
같군요. 자신을 지키기 위한 수학! 맞습니까?

수날두 맞습니다. 저 같은 수포자에게는 수학을 배워야 하는
현실적인 이유와 필요성이 꼭 있어야 하거든요.

피타고라스 수학의 필요성을 가장 절실하게 느낀 사람들을
꼽으라고 하면 이집트 사람들을 빼놓을 수 없지요.
이집트 사람들은 말 그대로 먹고살기 위해 수학을
발전시켰거든요. 홍수가 나서 나일강이 흘러넘치면
농경지의 경계가 다 무너져 버리잖아요. 그 경계를 다시
만들어 놓지 않으면 다음 해 농사를 지을 수 없으니
도형의 넓이를 연구해야만 했던 겁니다. 그게 바로
기하학의 시작이었죠. 놀라운 건 이집트 사람들 역시
직각삼각형의 세 변 사이에 숨은 관계를 알고 있었다는

겁니다.

수르   이집트 사람들도 선생님의 그 정리를 알고 있었다고요?

피타고라스   그렇습니다. 파라오의 무덤인 피라미드를 만들기 위해서는 높이를 직각으로 세워야 하거든요. 안 그러면 무게가 한쪽으로 쏠려서 기울어지거나 무너질 수 있으니까요. 그때 직각을 만들기 위해 3, 4, 5라는 수를 이용했다고 합니다. $3^2+4^2=5^2$이 되니까 이 세 수를 이용하면 직각을 만들 수 있는 겁니다.

수날두   그게 어떻게 가능하죠?

피타고라스   피타고라스의 정리를 역으로 적용하면 됩니다. 세 변의 길이가 a, b, c인 삼각형에서 $a^2+b^2=c^2$이 성립하면, c와 마주 보는 각이 바로 직각이 되거든요. 그러니까 변의 길이가 3, 4, 5인 삼각형을 만들면 그 안에 직각이 생기게 되는 거죠.

수날두   좀 더 구체적인 방법을 말씀해 주시면 좋겠네요.

피타고라스   이집트 사람들의 방법은 이랬습니다. 먼저 긴 밧줄을 준비합니다. 그리고 그 밧줄을 간격이 동일하게 12개로 나눕니다. 그런 다음 12개의 구간을 매듭으로 구분 짓죠. 그러면 길이가 3, 4, 5인 직각삼각형을 만들 수 있습니다.

수날두   그런 생각을 하다니… 이집트 사람들은 정말 똑똑했군요.

세상을 뒤바꾼
두 번째 방정식

수르 　　　잠깐만요! 그럼 피타고라스의 정리를 이집트 사람들이
　　　　　휠씬 먼저 알고 있었다는 말이네요?

피타고라스 이집트 사람들뿐만이 아닙니다. 바빌로니아 사람들도
　　　　　알고 있었거든요. 그 사람들이 남긴 점토판에는 3, 4, 5
　　　　　말고도 5, 12, 13이나 8, 15, 17처럼 피타고라스의 정리를
　　　　　만족하는 세 쌍의 수가 빼곡하게 적혀 있습니다.

수르 　　　그렇다면 이건 매우 심각한 문제입니다. '과연 누가 먼저
　　　　　발견했는가?' 하는 원조 논란에 휩싸일 수 있으니까요.

수날두 　　지금이라도 이름을 피타고라스의 정리에서
　　　　　'이집트인들의 정리'나 '바빌로니아인들의 정리'로 바꿔야
　　　　　하지 않을까요?

피타고라스 그건 확실히 아닙니다. 제 이름을 붙이는 게 맞아요.

수르 　　　왜죠?

피타고라스 이집트나 바빌로니아에서는 직각삼각형의 성질을
　　　　　실생활에 필요한 경우에만 이용했어요. 아까 말했듯이
　　　　　3, 4, 5를 이용해서 직각삼각형을 만들거나 다른 세 수를
　　　　　찾아내는 정도에 머물렀다는 겁니다. 그 사람들은 그런

　　　　　　　　　　　　　　　　　　　　　　피타고라스

성질이 몇몇 특수한 직각삼각형에서만 성립한다고
생각했던 모양입니다. 그런데 세 변의 길이 사이의
관계는 직각삼각형의 모양이나 크기와 상관없이 언제나
성립하잖아요. 바로 그 사실을 찾아내고 증명한 게 바로
저희 학파입니다.

수르 　논리적인 증명을 통해 일반화했다는 말씀이시군요.
선생님 이름을 붙인 이유를 이제야 알겠습니다.

피타고라스 　피타고라스의 정리를 발견하고 나서 저희는 신에게
감사의 뜻으로 제사를 올렸습니다. 황소를 무려
100마리나 바쳤어요. 우리가 발견한 그 정리가
지금까지도 기하학의 기초로 큰 역할을 하고 있다고
하니 그때 바친 황소 100마리가 전혀 아깝지 않네요.

수르 　1971년에 니카라과공화국 정부가 발행한 기념우표
중에도 피타고라스의 정리가 있었습니다. 주제가
'세상을 뒤바꾼 10개의 방정식'이었는데, 그중 두 번째가
피타고라스의 정리였습니다.

피타고라스 　아니, 왜 첫 번째가 아니고 두 번째입니까? 세상에
이보다 중요한 정리가 또 어디 있다고요?

수르 　첫 번째가 뭔지 아시면 바로 수긍하실 텐데요. 한번 맞춰
보시겠습니까?

피타고라스의 정리 기념우표

수날두 세상에서 가장 아름다운 공식이 있다고 들은 적이
있는데, 혹시 그건가요?

수르 오일러 공식 말이군요. 아쉽게도 틀렸습니다.

피타고라스 나는 아무리 생각해도 내 공식이 첫 번째여야 할 것
같습니다.

수르 그렇다면 정답을 알려드리죠. 첫 번째는 인류 최초의
계산, 바로 $1+1=2$였습니다. 이제 인정하시죠?

피타고라스 이건 어쩔 수 없네요. 사실 피타고라스의 정리는
우리에게 양날의 검과 같았습니다. 머지않아 엄청난
재앙으로 다가왔거든요. 학파의 존폐를 고민해야 할
만큼 말입니다.

수날두 그게 무슨 말씀이세요?

피타고라스

유리수냐 무리수냐 그것이 문제로다

피타고라스 수날두 씨, 이 문제를 한번 풀어 보실래요?

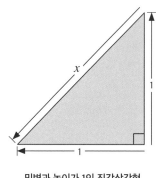

밑변과 높이가 1인 직각삼각형

수날두 x값을 구하는 문제인가 보군요. 직각삼각형이니까 피타고라스 정리를 적용하면 $x^2 = 1^2 + 1^2$이 되겠네요. 그럼 $x^2 = 2$인데, 제곱해서 2가 되는 수가 뭐죠?

수르 당연히 $\sqrt{2}$죠. 수날두 씨, 꼴찌 인증하셨습니다.

수날두 어허! 제가 모르는 게 아닙니다. 저는 피타고라스 선생님 입장에서 생각해 본 거예요.

피타고라스 수날두 씨가 제 마음을 알아주시네요. 저 문제를 접하고 저희 학파는 고민에 빠졌습니다. 도대체 제곱해서 2가 되는 수는 뭘까… 아무리 생각해도 모르겠더군요. 정말 당혹스러웠습니다. 자랑스럽기 그지없던 피타고라스의 정리가 우리를 이토록 큰 곤경에 빠뜨릴 줄은 꿈에도 몰랐어요.

수르 아까 만물의 이치를 설명하는 수는 유리수라고 하지 않았습니까?

피타고라스 맞습니다. 그런데 아무리 애를 써도 직각이등변 삼각형의 빗변의 길이는 유리수로 설명되지 않더군요. 어쩔 수 없이 저희 학파는 한 번도 상상해 보지 않은 수를 고민하기 시작했습니다. 그러다가 유리수처럼 분수로 나타낼 수 없는 무리수라는 새 존재를 인정하게 되었죠.

수날두 그동안 신앙처럼 믿었던 유리수의 세계가 무너진 건가요?

피타고라스 솔직히 두려웠습니다. 우리 학파가 평생을 바쳐 쌓아 온 모든 것이 물거품처럼 사라지게 생겼으니까요. 그래서 절대 말하지 못하게 했습니다. 무리수라는 존재가 있다는 사실을요. 하지만 말씀하신 것처럼 세상에 영원한 비밀이란 없지 않습니까? 더구나 그것이 진실이라면 언제든 어떤 식으로든 결국엔 밝혀지겠죠.

수날두   그분이 아까 물에 빠져 죽었다던 히파… 앗! 죄송합니다.

피타고라스   홈. 다행히 무리수가 등장했다고 해서 유리수가
사라지는 건 아니더군요. 유리수는 유리수대로,
무리수는 무리수대로 서로 다른 성질을 유지하며 나란히
존재하니까요. 더욱이 두 수를 합해 '실수'라고 하는 더
큰 수 체계가 만들어졌으니 결국엔 잘된 일 아닙니까?

수르   학파의 존폐를 걱정하셨던 마음 충분히 이해가 갑니다.
그리고 무리수를 발견해 훨씬 넓은 수의 지평을 열어
주신 점도 감사하게 생각합니다.

수날두   제가 방금 무리수가 없었다면 어땠을까를 잠시 생각해
봤거든요? 어휴, 큰일 날 것 같더라고요. 예를 들어 $\sqrt{2}$
는 1.41421356237…로 반복되지 않고 무한히 이어지는
수잖아요. 그런데 이걸 계속 쓸 수도 없고, 그렇다고
근삿값을 쓸 수도 없고… 참 난감할 것 같습니다.
요즘처럼 큰 수를 다루는 시대에는 작은 오차도 큰
오류로 이어질 테니까요.

피타고라스   다들 저의 연구 결과를 칭찬해 주시니 기분이 좋군요.

수르   아직 방심할 때가 아닙니다. 지금 구독자분들의 질문이
쏟아지고 있거든요. 잠시 쉬었다가 질문에 답하는
시간을 갖도록 하겠습니다.

Q&A
: 그것에 답해 드림

오즈의 허수아비 안녕하세요.《오즈의 마법사》에서 뇌를 얻자마자

피타고라스의 정리부터 말해 버린 허수아비입니다.

피타고라스의 정리에 대한 증명이 400개가 넘는다는

이야기를 도로시에게 들었는데요. 정리 하나에 왜

그렇게 많은 증명이 필요한 건지 궁금합니다.

피타고라스 사실 어떤 정리가 참이라는 사실을 밝힐 때에는 명확한

증명 하나만 있으면 충분합니다. 굳이 증명을 2개, 3개씩

들이밀 필요가 없죠. 제 정리 역시 마찬가지입니다.

증명이 많다고 해서 더 확실해지는 건 아니거든요.

그런데도 사람들은 자꾸만 새로운 증명을 찾아내려고

합니다. 유클리드가《원론》에서 이미 증명을 마쳤고,

중국의《주비산경》에도 '구고현의 정리'라는 이름으로

정리가 되어 있는데 말입니다. 〈모나리자〉를 그린

레오나르도 다빈치, 상대성 이론을 주장한 알베르트

아인슈타인, 심지어 미국의 20대 대통령인 제임스

가필드도 자신만의 증명 방법을 찾아냈습니다. 차라리

피타고라스

그 시간에 다른 연구를 하지 왜 이미 증명된 정리를 계속

증명하려 할까요?

아마 새로운 증명을 발견하는 과정이 놀랍고 즐겁기

때문일 겁니다. 수학의 꽃은 증명이라고 하잖아요.

주어진 조건에서 논리적 비약 없이 단계를 차근차근

밟아 가며 결론에 다다르는 과정은 그 자체로 완벽하고

아름답습니다. 한번 생각해 보세요. 세상에 수학처럼

정교하고 치밀하며 완벽한 무언가가 있는지 말입니다.

아마 찾기 어려울 겁니다. 우리가 살고 있는 세상은

정답이 없고 예측도 불가능한 문제들이 계속해서

쏟아지는 불완전한 곳이니까요. 그러니 명쾌하고 완벽한

수학의 아름다움을 한번 맛본 사람은 계속 도전하게

되겠죠. 더 멋지고 더 아름다운 증명을 찾기 위해서

말입니다.

**히파수스
귀신**　　피타고라스 학파는 가슴에 정오각형 별을 달고 다닌

　　　　것으로 유명하죠. 혹시 그 별을 학파의 상징으로 선택한

　　　　이유가 따로 있나요?

피타고라스　히파수스 귀신 님께서 아직 원한이 덜 풀리신

　　　　모양입니다. 왠지 질문 속에 가시가 있는 것 같아서

말이죠. 질문에 답하기 전에 정오각형 별 그리는 법을
먼저 알아볼까요? 일단 정오각형을 그립니다. 그런 다음
정오각형 안에 대각선을 5개 그리죠. 그럼 우리 학파의
상징인 별이 만들어집니다.

이 별을 저희 학파의 상징으로 삼은 이유는 아름답기
때문입니다. 딱 봐도 균형미가 느껴지지 않습니까?
그렇다면 우리는 왜 정오각형 별에서 조화와 균형의
아름다움을 느낄까요? 비밀은 바로 변의 길이 사이의
비율에 있습니다. 정오각형에서 한 변의 길이와
대각선의 길이를 살펴보세요. 그럼 두 변의 길이
사이에 황금비가 있다는 걸 알 수 있습니다. 황금비는
약 1:1.618인데 간단하게 5:8로 기억하면 좋습니다.
다른 변의 길이도 마찬가지입니다. 정오각형 안에서
대각선들이 교차하며 잘린 선들을 크기 순서대로

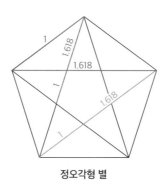

정오각형 별

나열하면 이웃한 두 변의 길이 사이에 황금비가
나타나거든요. 게다가 정오각형 안에 별을 그리면 그
안에 작은 정오각형이 생기고, 또 그 정오각형 안에 별을
그리면 더 작은 정오각형이 생깁니다. 황금비를 갖는
정오각형과 그 안의 별을 무한히 그릴 수 있는 겁니다.
고백하자면 황금비가 유리수가 아니라 무리수라는
사실을 뒤늦게 알았습니다. 황금비란 주어진 길이를
두 부분으로 나누었을 때 '전체와 긴 부분의 길이의
비'가 '긴 부분과 짧은 부분의 길이의 비'와 같아질 때를
의미하거든요.

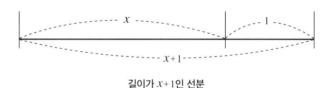

길이가 $x+1$인 선분

그러니까 위 그림에서 $1:x$가 황금비가 되려면
$x+1:x=x:1$이라는 비례식이 성립해야 합니다. x값은
$\dfrac{1+\sqrt{5}}{2}$가 되는 거죠. 무리수의 존재를 감추려고 했던 저희
학파가 무리수를 품은 상징을 늘 가슴에 달고 다녔다니…
정말 아이러니하지요.

피타고라스 음계

피타고라스의 수많은 업적 중에 피타고라스 음계를 빼놓으면 안
돼. 피타고라스 음계가 뭐냐고? 간단히 말하면 소리를 수로 나타낸
거야. 오늘날 서양 음악에서 쓰는 7음계를 만든 게 바로 피타고라스
거든. 7음계는 한 옥타브를 '도, 레, 미, 파, 솔, 라, 시'라고 하는 음 7개
로 나누는 거야. 그럼 지금부터 피타고라스가 7음계를 어떻게 발견
했고 어떻게 수로 계산했는지 알려 줄게.

　피타고라스는 어느 날 대장간 옆을 지나가다가 뚱땅거리는 망치
소리를 듣게 돼. 번갈아 가며 내려치는 망치 소리가 그날 따라 조화
롭게 들렸던 모양이야. 조화로운 소리의 비밀이 뭘까 궁금했던 피
타고라스는 그 이유를 찾기 위해 대장간 안으로 들어갔어. 그러고
나서 대장장이들의 망치질을 유심히 관찰했지. 그 결과 소리의 비밀
이 망치의 무게에 있다는 사실을 발견하게 돼. 망치의 무게에 따라
소리의 높낮이가 달라졌거든. 무거운 망치는 낮은 소리가 나고, 가
벼운 망치는 높은 소리가 났던 거야. 피타고라스는 두 망치의 무게
의 비가 1:2이면 한 옥타브 차이로 같은 소리가 나고, 2:3이면 5도

차이, 3:4이면 4도 차이의 소리가 난다는 사실을 알아내. 7음계로 설명하자면 낮은 '도'와 높은 '도'는 한 옥타브 차이야. '도'와 '솔'은 5도 차이, '도'와 '파'는 4도 차이가 나지.

더 놀라운 사실은 한 옥타브 차이의 비율인 $\frac{1}{2}$과 5도 차이의 비율인 $\frac{2}{3}$를 반복하면 7음계의 모든 음을 수로 나타낼 수 있다는 점이야. 예를 들어 음의 시작이 되는 '도'를 1이라고 해보자. 한 옥타브 높은 '도'는 $\frac{1}{2}$, 같은 옥타브의 '솔'은 $\frac{2}{3}$가 돼. 그 '솔'을 기준으로 다시 5도 위로 올라가면 한 옥타브 높은 '레'가 나오지. 다시 원래 옥타브의 '레'로 돌아가려면 $\frac{1}{2}$의 역수인 2를 곱하면 돼. 결국 '레'는 다음과 같은 계산에 따라 수로 나타낼 수 있는 거야.

$$\frac{2}{3} \times \frac{2}{3} \times 2 = \frac{8}{9}$$

마찬가지로 계산하면 '도'부터 한 옥타브 높은 '도'까지 모든 음을 다음과 같이 수로 표시할 수 있어.

$$1, \ \frac{8}{9}, \ \frac{64}{81}, \ \frac{3}{4}, \ \frac{2}{3}, \ \frac{16}{27}, \ \frac{128}{243}, \ \frac{1}{2}$$

눈에 보이지 않는 소리조차 유리수로 나타낼 수 있다는 게 놀랍지 않아? "만물은 수다"라는 피타고라스의 주장에 고개가 끄덕여지는 순간이야. 소리를 수로 표시하면 듣기 좋은 화음을 계산을 통해 비교적 쉽게 만들 수 있어. 이뿐만 아니라 그 비율을 현악기에 적용해서 기타나 하프 같은 악기도 만들 수 있지. 물론 $\frac{64}{81}, \frac{16}{27}, \frac{128}{243}$ 같은 비율을 정확하게 구현하는 게 쉽지는 않아. 그래서 후대의 음악가들은 복잡한 비율을 좀 더 간단한 비율로 조정했어. $\frac{5}{6}, \frac{3}{5}, \frac{9}{16}$ 와 같은 수로 말이야. 계산해 보면 원래 비율과 차이가 크지 않아. 당연히 소리에도 큰 차이가 없지. 이렇게 음계 사이의 비율을 유리수로 나타낸 것을 음악에서는 '순정률'이라고 해.

요즘에는 순정률보다 '평균율'을 더 많이 써. 순정률에서는 음과 음 사이의 간격이 일정하지 않기 때문에 조를 바꿀 때 어려움이 많거든. 그런데 평균율에서는 음 사이의 비율이 같아서 그런 문제가 발생하지 않아. 순정률이 지닌 문제를 명쾌하게 해결한 평균율의 핵심 요소가 뭔지 알아? 바로 무리수야. 유리수를 사용하면서 부딪혔던 음악의 한계를 무리수가 해결해 준 거지. 멋지지 않아? 피타고라스의 말처럼 세상은 정말 수로 설명이 가능한 것 같아.

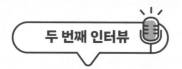
유클리드

"제가 바로 최초의 수학 교과서 《원론》의 저자입니다"

기원전 330년경 ~ 275년경

고대 그리스의 수학자이자 이집트 알렉산드리아의 수학 교수. 당시 이집트의 왕이었던 프톨레마이오스 1세를 가르쳤다고 전해진다. 탈레스와 피타고라스를 거치며 발전해 온 당대 수학을 모두 집대성해 《원론》을 썼다.

지금으로부터 무려 2,300여 년 전에 나온 수학 고전이 있습니다. 1482년에 처음 인쇄된 후, 무려 1,000번 넘게 판을 거듭하며 찍어 냈고 세계에서 성경 다음으로 많이 읽힌 베스트셀러죠. '아! 증명이란 이런 거구나'를 제대로 보여 준 최초의 수학 교과서이자 오늘날까지 전 세계 수학 교과서의 기본이 되는 책! 슬슬 감이 오시나요? 바로 《원론》입니다. 오늘은 이 책을 쓴 유클리드 선생님을 모시고 이야기 나눠 보도록 하겠습니다.

수르   안녕하세요, 선생님. 먼 길 오시느라 고생 많으셨습니다. 간단한 자기소개 부탁드립니다.

유클리드   안녕들 하십니까? 유클리드입니다. 앞서 출연한 피타고라스는 이집트나 페르시아 같은 나라를 뻔질나게 돌아다녀서 그런지 잘 찾아왔나 본데, 저는 여행을 거의 가보지 않아서 여기까지 오는 데 아주 애를 먹었습니다.

다음부터는 전용 비행기와 차량을 저희 집으로 미리 보내 주기 바랍니다.

수날두   전용 비행기와 차량을요?

유클리드   당연하죠. 왕의 개인 교사를 초대했으면 그 정도 대우는 당연한 것 아닙니까? 오늘 제가 여기까지 힘들게 온 사실을 프톨레마이오스 1세께서 아시면 매우 언짢아하실 겁니다. 하지만 잘 몰라서 그랬던 것 같으니 오늘은 그냥 넘어가겠습니다.

수르   어이쿠, 감사합니다.

대제국의 중심에서
수학을 외치다

수날두   그런데 정말 여행을 한 번도 안 가보셨나요?

유클리드   필요한 게 다 제 주변에 있는데 뭐하러 집 떠나 고생을 합니까? 알다시피 수학 연구에는 그렇게 많은 장비가 필요하지 않습니다. 종이와 펜, 도형을 그릴 때 쓸 컴퍼스와 자 정도만 있으면 충분하죠. 게다가 제 직장인 알렉산드리아 도서관에는 제가 궁금해하는 분야에 관한 책들이 산처럼 쌓여 있었습니다. 그러니 굳이 힘들게 다른 곳에 갈 이유가 없지 않겠습니까?

수르　수학을 연구하기에 굉장히 좋은 환경이었던 것 같네요. 게다가 왕을 직접 가르치셨다고 하니 정말 대단한 분 같습니다. 혹시 우리 구독자분들을 위해 알렉산드리아 도서관에 대해 더 설명해 주실 수 있을까요?

유클리드　그럼요. 《원론》이 어떻게 탄생했는지를 이해하려면 알렉산드리아라는 도시의 역사와 도서관에 대해 먼저 알아야 합니다. 그전에 알렉산드리아라는 도시 이름이 대왕님의 이름에서 유래한 건 다들 알고 있죠? 알렉산더 대왕은 기원전 4세기경 그리스와 이집트, 페르시아, 인도에 이르는 광대한 영토를 하나로 이어 대제국을 건설한 분입니다. 대왕께서는 이집트 나일강 하구에 자신의 이름을 딴 도시를 만들라고 명령했어요. 그 도시를 대제국의 수도로 삼고 전 세계 무역과 학문의 중심지로 만들려고 했거든요.

수날두　대단한 야심가였군요.

유클리드　그런데 안타깝게도 대왕께서는 젊은 나이에 숨을 거두고 말았어요. 그 후로 대제국의 영토는 이집트와 시리아, 마케도니아의 3개 지역으로 나뉘었습니다. 짐작하시겠지만 세 지역 중에서도 가장 잘나가던 곳은 모든 부가 몰려 있던 이집트였어요. 그리고 이집트의 여러 도시 중에서도 항구 도시였던 알렉산드리아는 경제와 문화의 중심지였습니다.

수르 　항구 도시라고 해서 모두 문화의 중심지가 되는 것은 아닌데, 무슨 특별한 이유라도 있었습니까?

유클리드 　통치자의 비전과 추진력이 있었기에 가능한 일이었죠. 당시에 알렉산드리아를 다스리던 분이 바로 프톨레마이오스 1세입니다. 대왕께서 돌아가시고 나서 이집트를 물려받아 통치하게 되셨거든요. 프톨레마이오스 1세께서는 대왕의 못다 한 꿈을 대신 이뤄 드리고 싶어 했습니다. 문화의 중심지답게 세상에 존재하는 모든 지식을 모아 도서관을 만들려고 하셨죠.

수르 　프톨레마이오스 1세라면 아까 선생님이 가르치셨다는 그분 말인가요?

유클리드 　맞습니다. 왕께서는 아주 의욕적으로 도서관 건립을 추진하셨어요. 책을 모으는 과정도 아주 특별했습니다. 그리스에서부터 페르시아, 인도, 이스라엘 등지에 이르기까지 세계 각지에서 책을 사 모았거든요. 또 항구에 들어오는 모든 선박을 뒤져 책을 찾아내고 압수한 다음, 그 책을 똑같이 베껴 적었습니다. 시간이 얼마나 걸리든 상관없이 말입니다.

수날두 그럼 책 주인들은 어떡합니까? 대책 없이 기다려야

하나요?

유클리드 당연히 기다려야죠. 그래야 베껴 쓴 책이라도 받아 갈 거

아닙니까.

수날두 아니, 베껴 쓴 책을 받는다고요? 원본이 아니라요?

유클리드 원본은 도서관에 보관했습니다. 책의 주인들에게는 베껴

쓴 책을 줬고요. 프톨레마이오스 1세께서 계획한 도서관은

세계 최고가 되어야 했으니까요. 지금은 모두 불타

사라졌지만 한때 알렉산드리아 도서관에는 70만 권이나

되는 장서가 있었습니다.

수르 정말 어마어마한 양이네요. 2,300년 전에 70만 권이면 전

세계의 지식을 모두 모아 놓은 수준 아닙니까?

유클리드 엄청났죠. 어느 분야든 필요한 자료가 거의 다 있었습니다.

문제는 제가 찾는 수학 자료들이 여기저기 흩어져

있었다는 겁니다. 그래서 제가 뭘 했는지 아십니까?

수날두 정리를 하셨겠죠?

유클리드 맞습니다. 흩어져 있던 과거의 수학 지식을 한데 모아

책으로 만드는 일! 그 일을 제가 했던 겁니다.

수르 그렇게 13권에 달하는 《원론》이 탄생한 거군요.

유클리드 그 과정은 정말 쉽지 않았습니다. 제 평생을 《원론》을
편찬하는 데 바쳤을 정도니까요. 오늘날 학생들은 손쉽게
제 책을 가지고 공부하지만, 저는 자료를 모아서 내용의
순서를 정하고 증명의 틀을 만든 다음 참인지 거짓인지도
모르는 채 떠돌아다니던 수많은 정리를 증명해야 했어요.

수날두 잠깐만요! 저희가 선생님의 책을 가지고 공부한다고요?
저는 교과서로 수학을 배웠는데요?

유클리드 수학 교과서 중 상당수가 《원론》을 참고했습니다.
수날두 씨. 최대공약수 구하기와 서로소, 인수분해와
이차방정식의 근의 공식에 대해서 배운 적이 있나요?

수날두 그럼요. 중학교 때 배웠죠.

유클리드 '이등변삼각형의 두 밑각의 크기는 같다'와 같은 평면
도형의 성질이나 각뿔, 원기둥, 구와 같은 입체 도형의
성질은요?

수날두 기억은 가물가물하지만 분명 배운 것 같습니다.

유클리드 모두 제 책에 수록된 내용입니다. 이제 제 책을 가지고
공부한다는 말에 동의하시겠죠?

수르 그래서 선생님 책을 수학계의 베스트셀러라고
부르는군요. 무려 2,000년 넘게 각국의 언어로 번역되어 전
세계 학생들에게 읽히고 있으니까요.

유클리드의
정의란 무엇인가

수날두   저 같은 수포자도 선생님 책으로 수업을 받을 정도면 게임
끝이네요. 깔끔하게 인정합니다. 그럼 기왕 오신 김에
선생님의 책으로 짧게 수업을 해주시면 어떨까요?

유클리드   좋습니다. 《원론》 제1권 1장의 맨 앞부분부터 시작해 보죠.
질문을 하나 던지겠습니다. '점'이란 무엇일까요?

수날두   점이요? 점이 점이지 뭡니까?

수르   제 생각에 점은 '아주아주 작은 부분' 같습니다.

유클리드   질문을 바꿔 보겠습니다. 아주 얇은 검은색 펜의 심을
종이 위에 살짝 눌렀다 뗐을 때 생기는 흔적은 점일까요?
아닐까요?

수날두   당연히 점이죠. 수업 시간에 선생님들도 칠판에 분필로
점을 콕 찍지 않습니까. 마침표를 찍을 때도 마찬가지고요.
그러니 점입니다.

수르   왠지 점이 아니라고 답해야 할 것 같은데요? 점처럼 생긴
펜의 흔적을 돋보기로 확대하면 아주 크게 보일 테니까요.

유클리드   역시 수르 씨가 예리하군요. 그렇다면 다시 처음 질문으로
돌아가 봅시다. 과연 점이란 무엇일까요?

유클리드

수날두   아… 너무 기본적인 걸 물으시니까 도대체 어떻게 답해야 할지 모르겠네요.

유클리드   바로 그겁니다. 무엇이든 근원을 찾고 또 찾으면서 질문을 계속하다 보면 언젠가는 다른 무엇으로도 설명이 안 되는 지점에 다다르게 되거든요. 예를 들어 삼각형이란 한 평면 위에 있으면서 일직선 위에 있지 않은 점 3개를 선분으로 이은 도형이잖아요. 그렇다면 과연 평면이란 무엇이고, 일직선이란 무엇인지, 또 점과 선분은 무엇인지에 대해 답할 수 있어야 합니다. 우리가 어떤 게임을 할 때 규칙을 정하고 시작하듯이 수학에서도 기본이 되는 용어에 대한 약속을 먼저 해야 다음으로 넘어갈 수 있는 겁니다. 그 약속을 수학에서는 '정의'라고 합니다. 풀어 쓰면 '뜻을 정한다'가 되겠네요.

수르   《원론》은 수학 용어를 정의하는 것에서부터 출발한다는 말씀이시군요.

유클리드   어떤 대상을 명확하게 정의해야 모든 사람이 동일하게 인식할 수 있거든요. 안 그러면 같은 대상을 두고 서로 다른 해석이 오고 갈 수 있습니다.

수날두   그래서 점은 도대체 뭐라고 정의하나요?

유클리드   '점은 부분이 없는 것'이라고 정했습니다. 피타고라스와

플라톤이 정의했던 내용을 바탕으로 제가 얻은
결론이지요.

수르　부분이 없다면 크기나 넓이도 없겠네요. 위치는 있을 수
있겠죠? 결국 점은 존재하지만 보이지 않는 개념이군요.

수날두　그렇다면 아까 종이 위에 찍힌 펜의 흔적은 뭐죠? 점이
아니라 원인가요?

유클리드　원이라는 건 한 점으로부터 같은 거리에 있는 점들의
모임이지 않습니까. 그런데 종이 위에 찍힌 펜의 흔적은
확대했을 때 울퉁불퉁한 모양이에요.

수날두　점도 아니고 원도 아니면 도대체 뭐죠? 그리고 원이
점들의 모임이라면 그릴 수도 없고 보이지도 않는 거
아닌가요? 그런 식이라면 삼각형이나 직선 같은 도형도 안
보이겠는데요?

유클리드　워워! 수날두 씨, 흥분을 가라앉히시죠. 사실 방금 하신
말씀이 모두 맞습니다. 정의대로라면 수학에서는 어떤
도형도 눈으로 볼 수가 없어요. 그렇지만 보이지 않는
대상을 논하기는 어렵겠죠? 그래서 우리는 어쩔 수 없이
그림을 그립니다. 최대한 정의에 가깝게 말입니다. 그리고
'이것은 점이다', '이것은 원이다'라고 생각하는 거죠.

수르　수학을 할 때 상상력이 필요한 이유가 바로 그거군요. 눈에

보이는 그림이 아니라 도형이 품고 있는 정의나 성질을
생각하면서 문제를 풀어야 하니까 말입니다.

수날두 그래서 제가 수학을 어려워하는 겁니다. 너무
추상적이거든요.

유클리드 수학은 약속의 학문입니다. 《원론》의 내용도 정의 23개,
공준 5개, 공리 5개를 논리의 매듭으로 연결해서 얻은
것들이거든요. 모든 단계가 반박이 불가능한 증명으로
이루어져 있기 때문에 결국 모든 정리는 참이 됩니다.
절대로 틀릴 수가 없는 거예요.

수르 기초 공사를 먼저 하고 한 층씩 쌓아 올리는 건축물처럼
수학에서는 정의와 공준, 공리를 기초로 삼고, 증명을
통해 무너지지 않는 논리의 탑을 쌓는다는 말씀이시군요.
그렇다면 점에 대한 정의 말고 또 뭐가 있을까요?

유클리드 선과 면에 대한 정의를 살펴보자면 '선은 폭이 없는
길이'이고, '면은 길이와 폭만을 가진 것'이라고 할 수
있습니다. 맨 마지막 정의는 평행선에 관한 것인데,
'평행선이란 같은 평면 위에 있으면서 양쪽을 아무리
연장하든 어느 방향에서도 만나지 않는 두 직선'으로
정의할 수 있습니다.

우리 모두의 약속,
공준과 공리

수날두 공준은 뭐고 공리는 또 뭔가요?

유클리드 공준이란 기하학에서 누구나 의심 없이 받아들일 수 있는
약속이고, 공리란 모든 학문에서 당연하게 성립하는 공통
진리를 말합니다.

수르 5개씩이니까 모두 말씀해 주셔도 될 것 같은데요?

유클리드 원래는 공준 다음에 공리가 나오는데, 오늘은 공리 먼저
알려 드리겠습니다.

---

1. 같은 값과 같은 값은 서로 같다.

2. 서로 같은 값에 같은 값을 더하면, 그 합 또한 서로 같다.

3. 서로 같은 값에서 같은 값을 빼면, 그 차 또한 서로 같다.

4. 서로 일치하는 값은 서로 같다.

5. 전체는 부분보다 크다.

수날두 2번하고 3번은 등식의 성질 아닙니까? 등식의 양변에 같은
값을 더하거나 빼도 등식은 성립한다!

수르 　공부 좀 하고 왔다더니 그 노력이 빛을 발하네요.

수날두 　하하. 그런데 나머지는 딱 봐도 당연한 얘기 같은데, 저렇게까지 약속을 해야 하나요?

유클리드 　아까도 말했다시피 당연한 것에 대한 약속 없이는 그다음 얘기를 할 수 없으니까요. 그런데⋯ 마지막 공리를 가지고 태클을 거는 사람이 나타났어요. 전체가 부분과 같다고 주장하는 사람이 있었거든요.

수날두 　에이, 말도 안 되죠. 어떻게 부분이 전체와 같습니까?

유클리드 　그런데 그 사람 얘기를 듣다 보면 신기하게 설득이 되더라고요.

수르 　도대체 그 사람이 누구입니까?

유클리드 　칸토어라는 독일의 수학자입니다. 19세기에 살았던 사람이니 저와는 세대차가 제법 있지요. 하여간 2,000년 넘게 당연하다고 믿었던 사실이 칸토어라는 사람 때문에 뒤집어지게 되었습니다.

수날두 　그럼 그 칸토어라는 분을 게스트로 꼭 모셔 봐야겠네요.

유클리드 　그전에 공준 5개도 궁금하시죠? 공준은 이렇습니다.

---

1. 임의의 점에서 임의의 점까지 직선을 그을 수 있다.

2. 유한의 직선을 계속해서 직선으로 연장할 수 있다.

3. 임의의 점을 중심으로 하고, 임의의 선분을 반지름으로 하는 원을 그릴 수 있다.

4. 모든 직각은 서로 같다.

5. 두 직선이 한 직선과 만날 때 같은 쪽에 있는 두 내각의 합이 두 직각보다 작으면, 두 직선을 무한히 연장했을 때 반드시 두 직각보다 작은 각이 있는 쪽에서 만난다.

수날두　1번에서 4번까지는 간단해서 금방 이해가 되는데 5번은 뭔가 길고 복잡하네요. 5번에서 두 직각은 180도를 가리키겠죠?

유클리드　맞습니다. 그림으로 그려 보면 이해하기가 훨씬 쉬울 겁니다.

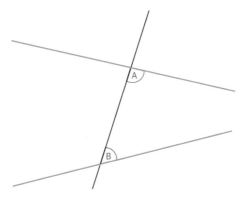

두 직선이 한 직선과 만날 때 내각 A, B

수르 　그러니까 5번 공준은 그림에 표시된 각 A와 각 B의 합이 180도보다 작으면, 계속 연장했을 때 그쪽에서 만나게 된다는 말씀이잖아요. 두 직선이 평행하지 않으면 결국에는 만난다는 의미겠네요.

유클리드 　그래서 이 5번 공준을 '평행선 공준'이라고도 부릅니다.

수날두 　아무리 봐도 말이 너무 긴데 더 간단히 줄일 수는 없나요?

유클리드 　5번 공준을 두고 논쟁했던 수학자들과 똑같은 말을 하시는군요.

수날두 　수르 씨, 보셨죠? 제가 이제 수학자들과 같은 급으로 생각을 합니다. 하하!

유클리드 　논쟁의 핵심은 저 5번 공준을 증명할 수 있느냐 없느냐였어요. 아시다시피 공준이라는 건 누구나 당연하게 받아들여야 하는 사실이잖아요. 그런데 그냥 받아들이는 게 아니라 증명을 하려고 했어요. 설명이 너무 장황하다는 게 이유였죠.

5번 공준에서
비유클리드 기하학까지

수르 　그래서 증명은 되었습니까?

유클리드 증명되었을 리가 없죠. 평행선 공준은 말 그대로
공준이니까요. 그런데도 수학자들은 포기하지
않았습니다. 덕분에 5번 공준에 대한 여러 가지 설명이
생겨났습니다.

수날두 다른 설명이라뇨?

유클리드 평행선 공준과 같은 논리의 문장들을 만든 겁니다. 예를
들어 '한 점을 지나고, 그 점을 지나지 않은 직선과 평행한
직선은 오직 하나밖에 없다'가 있죠.

수날두 오, 훨씬 간결하고 이해가 잘되네요. 저는 저 문장이
마음에 듭니다. 그럼 이제 5번 공준에 대한 논쟁은
마무리가 된 건가요?

유클리드 아니요. 수학자들은 정말 포기를 모르는 사람들입니다.
의문이 생기면 그게 풀릴 때까지 물고 늘어지거든요.
결국엔 새로운 기하학 이론이 탄생하고야 말았습니다.

수르 새로운 기하학이요?

유클리드 비유클리드 기하학이라는 건데, 아마 중고등학교에서는
안 배울 겁니다. 제가 연구했던 기하학은 무한히 펼쳐진
평면에 도형을 그리고 성질을 탐구하는 학문이었어요.
그런데 비유클리드 기하학에서는 공간이 달라져요.
평면이 아니라 구부러진 면에서 도형을 연구하지요.

수날두   그럼 직선을 그릴 때도 구부러진 면을 따라 그려야 하는
         건가요?

유클리드   그렇죠. 직선은 공간에서 두 지점을 최단 거리로 연결하는
         선이니까요. 그렇게 되면 제가 주장했던 5번 공준이 더
         이상 통하지 않게 됩니다. 공간에 따라 한 직선과 평행한
         직선이 여러 개일 수도 있고 없을 수도 있거든요. 만약
         주어진 공간이 쌍곡선을 회전한 쌍곡면이라면 평행선은
         여러 개 있을 수 있어요. 반면에 공간이 구라면 평행선은
         존재하지 않습니다. 구에서 직선은 반구의 호, 즉 대원이기
         때문에 어떻게 그려도 만나게 되거든요.

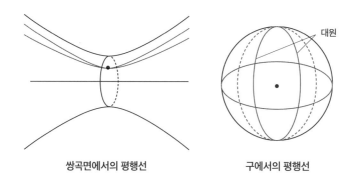

쌍곡면에서의 평행선   **구에서의 평행선**

수날두   아! 이건 너무 어려운 얘기 같은데요.

수르   수날두 씨를 위해 제가 이해한 내용을 요약하면
         이렇습니다. 유클리드 선생님의 5번 공준을 증명하려다가

전혀 다른 기하학이 출현했는데, 그 기하학에서는 공간이 쌍곡면이나 구면과 같이 다양할 수 있다. 새롭게 생겨난 기하학을 유클리드 기하학과 구별하기 위해 비유클리드 기하학이라고 부른다. 맞습니까?

유클리드 아주 깔끔합니다. 중요한 건 학문의 이름도 저의 기하학을 기준으로 정했다는 겁니다. '비유클리드'라는 말 자체가 '유클리드가 아닌'이란 뜻이거든요.

수날두 그러고 보니 공리도 공준도 모두 5번이 문제였네요. 5번 공준 때문에 비유클리드 기하학이 생겨났고, 5번 공리에 칸토어라는 분이 태클을 걸었으니까요. 그래서 말인데 저는 앞으로 시험에서는 절대로 5번을 찍지 않겠습니다.

수르 수날두 씨! 결론이 이상한 쪽으로 가고 있는 것 같은데요. 잘 생각해 보면 5번 공리와 공준을 끈질기게 연구한 덕분에 수학이 발전한 것 아닙니까?

유클리드 그럼요. 비유클리드 기하학이 없었다면 아인슈타인의 상대성 이론도 없었을 겁니다. 상대성 이론이라는 게 우주와 같이 휘어진 공간을 연구하는 거잖아요. 그러면 우주에서 위치 정보를 보내 주는 인공위성도 없어질 거고, 수날두 씨의 최애 어플인 휴대폰 속 지도도 사라지겠죠? 비행기나 배에서 현재 위치를 알 수 없는 세상이 될 테니 우리는 여행을 갈 수도 없을 겁니다.

수날두 여행을 못 간다고요? 그건 절대 안 되죠. 그럼 다른
번호보다 5번을 많이 찍는 걸로 바꿔야겠네요.

수르 자자, 이쯤에서 《원론》에 대한 얘기는 마무리하고
구독자분들의 질문을 받아야 할 것 같습니다. 아까부터
질문이 쏟아지고 있거든요.

Q&A
: 그것에 답해 드림

문과학생 수학 공부가 싫어서 문과를 선택한 학생입니다. 그런데
문과여도 수학을 배우더군요. 수학 공부라면 정말
지긋지긋한데 어떻게 해야 좀 쉽게 공부할 수 있을까요?

유클리드 수학을 어려워하는 마음은 충분히 이해합니다. 믿기
어려우시겠지만 저 역시 수학이 쉽지만은 않습니다.
"수학책만 13권을 썼으니 천재 아니냐!"라고 말하는 분이
계시던데 그건 절대 아닙니다. 제 책은 끈기와 인내 그리고
집념이 만들어 낸 결과물이거든요. 아마 다른 수학자도
마찬가지일 겁니다. 사람이 숨을 쉬는 것처럼, 독수리가

하늘을 나는 것처럼 계산을 했다고 알려진 대수학자 오일러도 결국에는 눈이 멀지 않았습니까? 오일러의 계산을 옆에서 지켜보는 사람들에게는 쉬워 보였을 수 있지만 당사자에게는 눈이 멀 만큼 고통이 따랐던 겁니다. 제가 프톨레마이오스 1세를 가르칠 때 왕께서도 같은 질문을 하신 적이 있습니다. "유클리드야. 도대체 수학은 왜 이렇게 어렵고 복잡한 것이냐. 좀 쉽게 배울 수 있는 방법이 있다면 알려다오"라고 말입니다. 그때 제 대답은 이랬습니다. "폐하, 세상에는 두 가지 종류의 길이 있습니다. 하나는 저 같은 평민이 다니는 길이고, 또 하나는 왕께서 다니는 길입니다. 그러나 기하학에는 왕의 길이 따로 없습니다." 개념을 정확하게 이해하고 문제를 꾸준하게 풀려는 노력 없이는 수학 실력이 절대로 키워지지 않습니다.

생각해 보면 멋지지 않습니까? 수학 앞에서는 모든 사람이 동등한 겁니다. 왕마저도 말입니다. 누가 더 노력하느냐에 따라 실력의 우위가 정해지는 거죠. 그런 면에서 수학은 참으로 공정하고 매력적인 학문 같습니다.

대머리 너클리드	라파엘로의 벽화 〈아테네 학당〉에서 선생님을 뵌 적이 있습니다. 대머리를 훤히 드러내고 무언가를 열심히 그리고 계시던데, 대체 뭘 그리셨던 건가요?
유클리드	그냥 열심히 그렸다고 하면 되지, 왜 대머리를 콕 짚어 말합니까! 그리고 말이 나왔으니 말인데 저만 대머리입니까? 맞은편에서 책에 글씨를 쓰고 있던 피타고라스도 대머리이긴 마찬가지였거든요. 알고 보면 수학자 중에는 대머리가 많습니다. 그만큼 머리를 많이 써서일 테니 너클리드 씨도 더 벗겨지지 않게 조심하시는 게 좋을 겁니다.

본론으로 넘어가서 그때 제가 그리고 있던 것은 당연히 도형이었습니다. 제 손에 있는 컴퍼스를 보면 바로 알 수 있죠. 제가 살던 고대 그리스 시대의 기하학은 눈금 없는 자와 컴퍼스라는 두 가지 도구만으로 도형을 그리고 성질을 탐구하는 학문이었거든요. 다들 아시겠지만 눈금 없는 자는 두 점을 잇거나 선분을 연장할 때 씁니다. 컴퍼스는 주어진 선분의 길이를 재거나 원을 그릴 때 쓰죠. 그런데 작도에 대한 이야기를 할 때마다 빠지지 않고 나오는 질문이 있습니다. 왜 하필 눈금 없는 자와 컴퍼스만 쓰냐는 거지요. 답은 의외로 간단합니다. 일종의

약속이거든요. 《원론》에서 정의와 공준, 공리를 약속하고
시작했듯이 도형을 그릴 때도 도구를 제한하기로 약속한
거예요. 그러면 도구를 왜 꼭 제한해야 되냐, 다른 도구를
이용하면 더 쉽게 그릴 수 있지 않냐고 생각할 겁니다.
제 말이 맞죠? 그럴 땐 이런 예시를 들고 싶습니다. 만약
축구를 하는데 발뿐 아니라 골프채나 야구 방망이 같은
도구도 사용할 수 있다고 하면 어떻게 되겠습니까? 누가
어떤 도구를 가져왔느냐에 따라 승부가 달라지겠죠?
선수의 실력 따위는 전혀 중요하지 않게 됩니다. 그럼 그
경기는 더 이상 축구가 아니겠죠? 우리가 원하는 스포츠란
약속한 규칙 안에서 선수들이 각자 기량을 발휘해
승부를 내는 경기지 않습니까. 기하학도 그런 맥락에서
생각하면 됩니다. 고대 그리스의 기하학은 눈금 없는 자와
컴퍼스만을 가지고 지적 유희를 즐기면서 새로운 발견을
겨루는 수학자들의 스포츠였던 겁니다.

정다면체가 5개밖에 없는 이유

유클리드가 쓴 《원론》의 하이라이트가 뭔지 알아? 온 우주를 통틀어 정다면체는 오직 5개만 존재한다는 증명이야. 마지막 13권에서 이 놀라운 사실을 증명하고 있지. 그렇다면 정다면체가 무엇이고 왜 5개밖에 없는지 그 이유를 한번 알아볼까?

먼저 정다면체란 다면체 중에서도 가장 완벽한 형태의 도형을 말해. 어느 방향에서 보더라도 같은 모습인 대칭형 구조를 이루지. 이런 형태를 갖추기 위해서는 두 가지 조건이 필요해.

첫째, 모든 면이 합동인 정다각형으로 이루어져 있어야 해.
둘째, 각각의 꼭짓점에 모인 면의 개수가 같아야 하지.

정삼각형부터 생각해 볼까? 입체 도형이 되려면 한 꼭짓점에 적어도 면 3개가 모여야 해. 면 2개로는 입체 도형을 만들 수 없거든. 그러니까 맨 처음에는 한 꼭짓점에 정삼각형 3개를 모으는 거야. 그러면 내각의 크기의 합은 180도가 되고, 한 꼭짓점에 모인 정삼각형

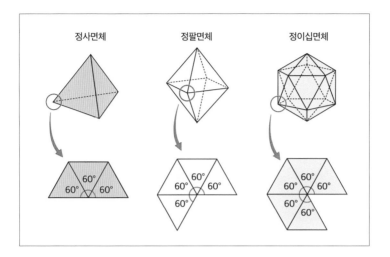

3개를 오므리면 '정사면체'가 만들어지지. 다음으로 정삼각형 4개를 한 꼭짓점에 모으면 내각의 크기의 합은 240도가 되고, 정사면체와 같은 방법으로 '정팔면체'를 만들 수 있어. 개수를 하나 더 늘려서 정삼각형 5개를 한 꼭짓점에 모으면 내각의 크기의 합은 300도가 되고 '정이십면체'가 완성돼.

만약 한 꼭짓점에 정삼각형 6개를 모으면 어떻게 될까? 그럼 한 꼭짓점을 중심으로 내각의 크기의 합이 360도가 되면서 평면을 이루게 돼. 구부릴 수 있는 여유 공간이 남지 않게 되지. 그래서 정삼각형 6개로는 입체 도형을 만들 수가 없어.

이제 정사각형으로 만들 수 있는 정다면체를 생각해 보자. 정사각형 3개를 한 꼭짓점에 모으면 내각의 합은 270도가 되잖아. 그러면 '정육면체'를 만들 수 있어. 그런데 정사각형 4개를 모으면 내각의 합은 다시 360도가 돼. 정사각형으로는 정다면체를 더 이상 만들 수 없는 거야.

정오각형으로 넘어가 보자. 한 꼭짓점에 정오각형 3개를 모으면 내각의 합은 몇 도가 될까? 정오각형에서 한 내각의 크기는 108도니까 내각의 합은 324도가 돼! 324도는 360도보다 작기 때문에 구부려서 입체 도형을 만들 수 있어. 그렇게 해서 만들어진 정다면체의 이름은 바로 '정십이면체'야. 정오각형으로 만들 수 있는 유일한 정다면체지. 한 꼭짓점에 정오각형을 더 이상 모을 수 없기 때문이야.

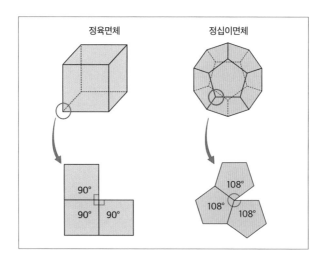

그렇다면 정육각형만으로는 정다면체를 만들 수 없다는 사실도 알 수 있겠지? 한 꼭짓점에 정육각형 3개를 모으는 순간 바로 평면이 되어 버리거든.

　　세상에 존재하는 정다면체가 정확히 5개뿐이라는 사실이 놀랍지 않아? 그래서 아주 오래전, 사람들은 정다면체를 우주의 기본 요소와 대응시켜 생각하기도 했어. 그리스의 수학자 플라톤은 정다면체 5개를 각각 불, 흙, 공기, 물 그리고 우주와 대응시켰지. 그래서 정다면체를 '플라톤의 다면체'라고 부르기도 해.

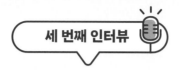

아르키메데스

"둥글둥글 살려면
저의 원주율 계산이 꼭 필요하죠"

- - - - - - - -

기원전 287년경 ~ 212년경

고대 그리스의 수학자이자 물리학자, 기술자, 발명가, 천문학자. 수
많은 타이틀에 걸맞게 수학의 쓸모를 다방면에서 증명해 보였다.
부력의 원리를 발견하고 '유레카'를 외치며 거리를 뛰어다닌 일화로
유명하다.

가우스, 오일러와 함께 세계 3대 수학자로 손꼽히는 분이죠.
이분은 유클리드 이후 그리스의 수학 발전에 가장 큰 기여를
했다고도 여겨집니다. 또 로마와의 싸움에서 수많은 전쟁 무기를
개발한 기술자이자 발명가이기도 합니다. 원주율의 값을 소수점
둘째 자리까지 정확하게 구한 수학계의 장인이자 대스타! 유레카
하면 바로 떠오르는 이름. 누군지 아시겠죠? 바로 아르키메데스
선생님입니다. 박수로 환영해 주실까요?

**아르키
메데스** 요즘 가장 핫하다는 수학 방송에 드디어 제가

초대되었군요. 만나서 반갑습니다. 아르키메데스입니다.

수르 반갑습니다. 다행히 오늘은 옷을 갖춰 입고 오셨군요.

**아르키
메데스** 잠깐만요. 옷을 갖춰 입다뇨. 설마 제가 벌거벗고 나올 줄

아셨습니까?

수날두 그날처럼 깜짝 놀라 달려오시면 어쩌나 했죠. 혹시 몰라

여벌의 옷도 준비해 뒀습니다.

아르키 메데스 구독자 대부분이 청소년이라고 들었는데 18금 방송을 찍을 수는 없지 않습니까? 저 그렇게 몰상식한 사람 아닙니다!

수날두 그럼요, 그럼요. 선생님의 유레카 일화가 워낙 유명하다 보니 제일 먼저 그 모습을 떠올린 것 같습니다. 사죄의 말씀을 드립니다.

유레카! 왕관 때문에 부력 발견한 썰

수르 말이 나온 김에 그 유레카 일화부터 간단하게 이야기하고 넘어가면 어떨까요?

아르키 메데스 좋습니다. 유레카 사건은 왕관이 순금인지 아닌지를 알아내라는 히에론 2세의 명령으로 시작된 거였어요. 왕께서는 왕관을 만든 금 세공인이 영 못 미더웠던 모양입니다. 문제는 왕관을 절대 훼손하면 안 된다는 조건이었어요.

수날두 왕관을 녹이거나 일부를 떼어 검사하면 훨씬 수월했을 텐데… 참 골치 아프셨겠네요.

아르키 메데스	맞아요. 왕관을 그대로 둔 채 무게와 부피만으로 사실을 가려내야 했으니까요. 그래서 같은 무게라도 순금과 불순물이 섞인 금은 부피가 다르다는 사실을 이용하려고 했습니다.
수르	왕관과 무게가 똑같은 금덩어리를 물속에 넣었을 때 흘러넘치는 물의 양을 측정해 보면 되지 않을까요?
아르키 메데스	그런 방법으로는 넘치는 물의 양을 정확하게 측정할 수 없어요. 생각보다 오차가 크거든요. 참 어려운 문제였습니다. 몇 날 며칠을 고민해도 답이 보이질 않더군요. 그래서 머리를 식힐 겸 목욕탕에 갔던 겁니다. 그리고 물속에 들어간 순간 깨달았어요. 어떤 물체를 물에 담그면 잠긴 부피에 해당하는 물의 무게만큼 힘(부력)을 받게 된다는 사실을 말입니다.
수르	배가 물 위에 떠있는 이유도 그런 거군요. 그런데 부력의 원리를 어떻게 왕관에 적용하죠?
아르키 메데스	저울을 사용하면 됩니다. 왕관과 똑같은 무게를 가진 순금을 각각 저울의 양 끝에 매달아 평형을 이루게 한 다음, 통째로 물속에 집어넣는 거예요. 만약 물속에서도 평형이 유지된다면 왕관은 순금으로 만들어진 게 맞습니다. 그렇지 않다면 순금이 아닌 거고요.

수날두 오! 생각보다 간단명료한데요?

아르키 그래서 저의 순금 판정법이 중세 유럽 때까지 사용된
메데스 겁니다. 제가 괜히 맨몸으로 뛰쳐나간 게 아니라니까요.

전쟁 무기,
지렛대 그리고 포물선

수르 대단하십니다. 그런데 그거 말고도 업적이 한두 가지가
       아니던데요? 로마와의 전쟁에서도 엄청난 무기를
       만드셨다고 들었습니다.

아르키 대형 투석기를 만들어서 떼로 몰려오는 로마 군사에게
메데스 돌을 퍼부었습니다. 커다란 거울로 햇빛을 모아서 멀리
       바다 위에 떠있는 군사선에 불을 지르기도 했죠.

수날두 그런 무기들을 어떻게 만드신 겁니까?

아르키 수학의 원리를 이용했죠. 대형 투석기를 만들 때는
메데스 지렛대의 원리를 이용하기 위해 비례식을 계산했고요.
       무거운 물체를 멀리 날려 보내려면 무거운 쪽에 받침점을
       가까이 두고 반대쪽을 힘껏 눌러야 되거든요. 이때 물체를
       정확하게 원하는 위치에 떨어뜨리려면 포물선에 대한
       연구도 필요합니다. 이차함수라고 들어 보셨나요? 공을

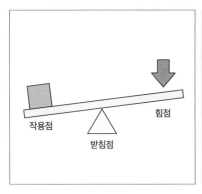

지렛대의 원리

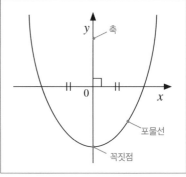

포물선 모양의 이차함수

힘껏 던지면 하늘 높이 올라갔다가 떨어지잖아요. 공의
움직임이 바로 이차함수라고 부르는 포물선 모양입니다.

수르 이차함수를 식으로 나타나면 $y=ax^2+bx+c(a\neq0)$이고,
그 식을 $y=a(x-p)^2+q$의 형태로 변형시킬 수 있다고
배웠습니다. 그러면 가장 높이 올라가는 지점이나
떨어지는 지면의 위치, 걸리는 시간도 구할 수 있죠.

아르키 메데스 역시! 수르 씨 똑똑하시네요. 포물선을 회전시키면
포물면이라는 것도 만들 수 있습니다. 포물면에는 아주
독특한 성질이 있거든요. 포물면의 축을 따라 들어온 빛이
포물면에 반사뇌면 초점이라고 부르는 한 점에 모이게
됩니다. 먼 바다 위에 떠있던 적군의 배에 불을 지를 때
사용했던 바로 그 원리입니다.

아르키메데스

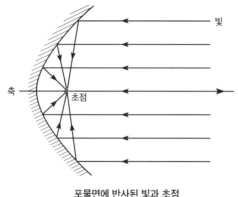

포물면에 반사된 빛과 초점

수날두   전쟁 무기를 만드는 데 수학이 필요하다니…

아르키   들자 하니 요즘에는 위성 안테나와 자동차 전조등 같은
메데스   곳에도 포물면을 사용한다고 하던데요? 제가 연구했던
     포물선의 원리가 실생활에 사용된다니 뿌듯합니다.

수르   둥근 접시처럼 생긴 안테나 말이죠? 우주에서 날아오는
     희미한 전파를 한곳에 모아 강력한 전파로 만드는 데
     포물면 형태가 사용되는군요. 그런데 자동차 전조등은
     빛을 모으는 게 아니라 쏘는 거 아닌가요?

아르키   포물선의 원리를 반대로 적용하는 거죠. 전구를 초점의
메데스   위치에 두고 빛을 쏘면 포물면에 반사된 빛이 흩어지지
     않고 똑바로 멀리 나아가니까요.

수날두   지금 저희가 위성 TV를 보고, 자동차 전조등을 켜며

안전하게 운전할 수 있는 게 다 선생님 덕분이었군요.

이봐, 내 원을
밟지 말라고!

수르   한편으로 전쟁 무기를 만들기 위해 수학을 사용하셨다는

사실이 마음에 걸립니다. 학문의 연구 윤리에 반하는 일

같아서요.

아르키   학문의 연구 윤리요? 나라가 망하게 생겼는데 그게
메데스

중요합니까? 제 능력으로 할 수 있는 일이 있다면

마땅히 해야죠. 만약 제가 만든 무기가 없었다면 나의

조국 시라쿠사는 제대로 싸워 보지도 못하고 로마에

패배했을 겁니다. 당시 로마는 그야말로 무적이었거든요.

이집트와 그리스를 모두 정복하며 대제국의 꿈을

눈앞에 두고 있었으니까요. 그러니 시칠리아의 작은

섬나라인 시라쿠사가 얼마나 우습게 보였겠습니까. 로마

입장에서는 아주 쉽게 정복할 수 있는 나라라고 여겼을

겁니다. 질 때 지더라도 한 번은 제대로 싸워 봐야 하지

않겠습니까?

수르   계란으로 바위를 치는 상황 같지만 나라를 사랑하는

        아르키메데스

선생님의 마음만큼은 충분히 이해가 됩니다.

수날두 그래서 시라쿠사는 이겼나요? 졌나요?

**아르키
메데스** 당연히… 졌지요. 반격에 지친 로마군이 성을 에워싸서
고립시키는 전략으로 돌아섰거든요. 결국에는 식량이
떨어지고 내부 분열이 생기면서 지고 말았죠. 그렇지만
우리는 끝까지 치열하고 용맹하게 싸웠습니다. 우리 군이
공격할 때마다 로마군이 두려움에 벌벌 떨었다는 소리를
내 두 귀로 똑똑히 들었거든요.

수날두 졌지만 잘 싸웠다! 저는 이렇게 말하고 싶네요. 그리고 그
속에는 전쟁의 일등 공신, 아르키메데스 선생님이 계셨던
거고요.

**아르키
메데스** 로마의 장군이었던 마르켈루스는 저를 팔 100개, 머리
50개인 거인 브리아레오스에 비유했다고 하더군요.
그만큼 무서웠다는 뜻이겠죠?

수르 SF 문학의 거장 아서 클라크가 이런 말을 했다는군요.
"충분히 발달한 과학 기술은 마법과 구별할 수 없다."
로마군에게 선생님의 전쟁 무기는 아마 마법처럼 보였을
겁니다.

**아르키
메데스** 마법이라니! 거참 멋진 말이군요. 다음부터는
저도 거인 브리아레오스 대신 마법이라는 말을

써야겠습니다.

수날두 제가 만약 마르켈루스였다면 선생님 같은 인재를

데려오고 싶었을 것 같은데요?

아르키 안 그래도 병사들에게 나를 생포해 오라고 했다는군요.
메데스
실제로 어느 날 병사들이 우리 집에 들이닥쳤습니다.

그런데 이놈들이 내가 그리던 그림을 밟지 뭡니까? 그래서

버럭 소리쳤죠. 내 그림을 밟지 말라고요. 그랬더니 나를

칼로 쿡 찌르더군요.

수날두 어이쿠! 이런. 멍청한 병사가 위대한 수학자를 못

알아봤군요. 목숨이 왔다 갔다 하는 순간에 그리고 있던

그림은 도대체 무엇이었습니까?

아르키 원을 그리고 있었을 겁니다. 아시는지 모르겠지만 저는
메데스
평생 둥근 도형을 연구했어요. 원, 원기둥, 원뿔, 구 같은

도형을 말이죠.

원주율 찾아
정구십육각형?

수르 선생님의 업적 중에 원주율 파이(π)의 계산을 빼놓을 수가

없더군요.

**아르키
메데스** 맞습니다. 3.14라는 값을 찾아내기 위해 제가 무려

정구십육각형까지 그려 봤으니까요.

수날두 정구십육각형이요? 그게 가능합니까?

**아르키
메데스** 어렵지만 가능은 합니다. 간단하게 설명을 드리자면

이렇습니다. 먼저 반지름이 1인 원을 하나 그립니다.

그리고 그 원의 안쪽과 바깥쪽에 각각 접하는 정육각형을

그리지요. 그러면 내접하는 정육각형의 둘레는 6이 되고,

외접하는 정육각형의 둘레는 약 6.93이 됩니다. 그런데

원은 내접하는 정육각형과 외접하는 정육각형 사이에

있잖아요. 원의 둘레가 정확히 2π니까 결국 π의 값은 6과

6.93의 절반인 3과 3.47 사이에 있게 되는 겁니다.

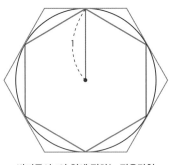

반지름이 1인 원에 접하는 정육각형

수르 제가 계산해 보니까 외접하는 정육각형의 정확한 둘레는

$4\sqrt{3}$ 이네요. 근삿값은 말씀하신 대로 6.93 정도가 되고요.

아르키 메데스	어이쿠! 수르 씨 때문에라도 계산을 잘해야겠네요.
	다음 단계로 넘어가면 정육각형의 변의 개수가 모두
	두 배씩 늘어납니다. 내접하는 정십이각형과 외접하는
	정십이각형을 그리는 거지요. 그러면 내접하는
	정십이각형의 둘레는 약 6.21이 되고, 외접하는
	정십이각형의 둘레는 약 6.43이 됩니다. 그렇다면 π의 값은
	대략 3.11과 3.22 사이에 있게 되겠죠.
수날두	정육각형의 변의 개수를 두 배씩 늘려서 정십이각형을
	만들었으니 그다음 도형은 정이십사각형인가요?
아르키 메데스	그렇습니다. 내접하는 정다각형의 변의 개수가
	많아질수록 원에 가까워지니까 원주율의 값은 점점
	정확해지겠죠. 그렇게 정십이각형이 정이십사각형이
	되었다가 다시 정사십팔각형으로 늘어나고 마침내
	정구십육각형이 되는 겁니다.
수르	정말 엄청난 인내력이네요. 그렇게 해서 계산한 π의 값은
	얼마였습니까?
아르키 메데스	대략 $\frac{223}{71}$과 $\frac{22}{7}$ 사이였습니다. 소수점으로 나타내면 약
	3.1408과 3.1429 사이네요. 원주율 π의 값을 소수점 둘째
	자리까지만 계산하면 3.14가 되는 거죠.
수날두	원의 둘레나 넓이를 구하기 위해 초등학교 때부터 줄곧

사용해 왔던 3.14라는 수가 그런 복잡한 과정을 거쳐
구해진 거군요.

**아르키
메데스** 제가 계산한 3.14라는 값은 아주 오랫동안
사용되었습니다. 원주율이 들어간 계산을 할 때
소수점 둘째 자리까지만 있어도 충분하거든요. 물론
3.14가 원주율의 정확한 값은 아닙니다. π라는 수는
3.14159265358979…와 같이 규칙도 없고 반복도 없이
무한히 이어지는 수니까요. 그래서 이런 수에 '무리수'라는
이름을 붙였다더군요. 유한소수나 순환하는 무한소수로
나타낼 수 있는 '유리수'와 대비되는 개념으로요.

수날두 유리수와 무리수를 합하면 '실수'가 된다! 맞습니까?

수르 오! 수날두 씨, 학교 다닐 때 안 했던 수학 공부를
방송하면서 다 하는군요. 기왕 하는 김에 π의 값을 더 외워
보는 건 어떨까요? 잘하면 기네스북에도 이름을 올릴
수 있을 텐데요. 현재 소수점 7만 자리까지 외운 사람이
있다고 하니 8만 자리에 도전해 보시면 좋을 것 같습니다.

수날두 8만 자리요? 그런 걸 도대체 왜 외웁니까? 그런 건 사람이
외우는 게 아니라 컴퓨터 계산에 맡겨야 하는 겁니다.

**아르키
메데스** 수날두 씨 말을 들으니 생각이 났는데, 요즘엔 컴퓨터의
성능을 테스트하는 용도로 π의 값을 쓴다더군요. π의 값을

계산하는 속도가 곧 컴퓨터의 계산 능력을 알려 주는 척도라는 거죠. 지금까지 계산된 π의 자릿수만 1조 개가 넘는다던데, 컴퓨터의 성능이 정말 많이 좋아졌나 봅니다.

수르 컴퓨터가 아무리 발달해도 π의 모든 자릿수를 절대 구할 수 없다는 사실이 놀라울 뿐입니다.

아르키 저는 그 옛날, 원의 둘레가 지름의 약 3배라는 사실을 처음
메데스 발견한 시점부터 지금까지 수천 년에 걸쳐 이뤄 낸 수학의 발전이 더 놀랍습니다.

수르 그 중심에 바로 선생님이 계셨던 거잖아요. 인류 역사상 가장 위대했던 수학자를 꼽으라고 할 때 빠지지 않는 분이 아르키메데스 선생님이거든요.

아르키 아휴. 과찬의 말씀입니다. 그동안 수학자들이 쌓아 올린
메데스 지식이 돌고 돌아 제게 이르러 완성된 거라고 생각합니다.

묘비에 새긴
세 입체 도형의 비밀

수르 마지막으로 선생님의 묘비에 관한 이야기를 해볼까 합니다. 묘비에 원기둥과 원뿔, 구가 그려져 있다고 들었습니다. 왜 하필 이 도형들을 그려 넣었을까요?

아르키메데스

아르키
메데스

제가 정말 자랑스럽게 생각했던 도형이거든요. 아래 그림에 보이는 것처럼 지름과 높이가 2r인 원기둥 안에는 반지름이 r인 구가 정확히 들어갑니다. 반지름과 높이가 원기둥과 같은 원뿔 역시 꼭 맞게 들어가고요. 놀랍지 않습니까? 저 사실을 발견한 게 바로 접니다.

아르키메데스의 묘비

수르

저 사실을 아무도 몰랐나요?

아르키
메데스

원기둥과 원뿔의 부피를 구하는 방법은 제가 살던 시대에도 이미 알려져 있었습니다. 제가 새롭게 발견한 것은 구의 부피를 계산하는 방법이었어요. 다들 아시다시피 원기둥의 부피는 밑면의 넓이에 높이를 곱하면 되잖아요. 원뿔의 부피는 원기둥 부피의 $\frac{1}{3}$이고요. 그런데 구의 부피를 구하는 방법은 아무도 몰랐습니다.

사방이 둥근 물체의 부피를 구하는 일은 보통 일이 아니거든요.

수날두 선생님은 어떻게 구의 부피를 구하셨죠?

아르키 우선 지름과 높이가 2r인 원기둥, 같은 지름을 가진 구
메데스 그리고 밑면의 반지름과 높이가 r인 원뿔 한 쌍을 거꾸로
붙여 준비했습니다. 그런 다음 도형을 각각 밑면에
평행하게 일정한 간격으로 잘라 보았어요. 그랬더니 같은
높이일 때, 원기둥 단면의 넓이가 구와 원뿔의 단면을
합친 값과 언제나 같더군요.

_____ = _____ + _____

원기둥, 구, 위아래로 맞붙인 원뿔 한 쌍

수르 잠깐만요! 위아래로 붙인 원뿔 한 쌍의 부피는 밑면의
지름과 높이가 모두 2r인 원뿔 하나의 부피와 같겠군요.

아르키 그렇죠. 결국 밑면의 지름과 높이가 2r인 원기둥의 부피는
메데스 그 안에 정확하게 내접하는 구와 원뿔의 부피를 합한 값과
같아집니다.

아르키메데스

원기둥, 구, 원뿔

수르 지금까지 설명하신 내용을 정리하면 이렇겠네요.

---

1. **원기둥의 부피** = (밑면의 넓이) × (높이) = $\pi r^2 \times 2r = 2\pi r^3$

2. **원뿔의 부피** = $\frac{1}{3}$ × (밑면의 넓이) × (높이)

   = $\frac{1}{3} \times \pi r^2 \times 2r = \frac{2}{3}\pi r^3$

3. **구의 부피** = (원기둥의 부피) - (원뿔의 부피) = $\frac{4}{3}\pi r^3$

수날두 원뿔, 구, 원기둥의 부피를 비로 나타내면 1:2:3이네요.

1+2=3이 되는 아주 깔끔하고 완벽한 비인데요?

아르키 메데스 그 비율을 실험으로도 확인할 수 있습니다. 지름과 높이가 같은 원기둥 모양의 통에 물을 가득 채운 다음, 크기가 꼭 맞는 구를 넣었다 뺍니다. 그러면 물이 흘러넘치면서 일정한 양의 물이 남게 되죠. 이때 남아 있는 물의 양을 확인해 보면 전체 높이의 $\frac{1}{3}$과 같고, 그것이 곧 원뿔의 부피가 됩니다.

수날두   묘비에 새겨진 도형의 의미를 이제야 알겠네요. 구의
부피는 물론이고 세 입체 도형의 비율이 1:2:3이 된다는
사실 역시 정말 놀랍습니다. 당시에는 정말 혁명적인
발견이었을 것 같은데요?

수학계 노벨상의
얼굴이 되다

수르   저는 선생님의 설명을 들으며 미분과 적분이 떠올랐
습니다. 입체 도형을 단면으로 자르고 다시 합해서 부피를
계산한다는 아이디어가 바로 미분과 적분이니까요.

아르키
메데스   제 계산법이 미적분의 시초가 되었다고 들었습니다.
원주율의 계산도 원의 둘레를 잘게 잘라 더한 것과
같으니까 미적분의 아이디어라고 볼 수 있겠죠.

수르   그렇다면 선생님께서는 미적분의 개념을 무려
2,000년이나 앞서 생각하셨던 거네요. 정말 대단하십니다.
필즈 메달에 선생님의 얼굴이 괜히 새겨진 게 아니군요.

아르키
메데스   필즈 메달요? 올림픽 경기의 우승자에게 주는 새로운
메달 이름인가요?

    아르키메데스

수날두 | 앗! 모르시는군요. 수학 분야에 커다란 업적을 세운 사람에게 주는 상입니다. 수학계의 노벨상이라고도 부르는데, 4년에 한 번씩 40세를 넘지 않은 사람에게만 수여하기 때문에 받기가 대단히 어렵습니다.

아르키메데스 | 오! 그런 멋진 상에 제 얼굴이 새겨져 있다니 가문의 영광입니다.

수르 | 필즈 메달의 뒷면에는 선생님이 하신 말도 새겨져 있습니다. "스스로의 지성을 초월하고 세계의 주인이 되어라!"라고요.

아르키메데스 | 허허. 그렇습니까? 살아 있는 동안 심혈을 기울였던 연구가 후대까지 좋은 영향을 주고 있다고 하니 아주 흐뭇합니다.

수르 | 그럼 선생님과의 인터뷰는 이쯤에서 마무리하고 구독자분들을 만나러 가볼까요?

아르키메데스 | 약간 긴장되지만 도망가지 않고 곧 다시 돌아오겠습니다. 지금 시청하고 계신 분들도 구독과 좋아요 꾹! 누르면서 기다려 주세요.

Q&A
: 그것에 답해 드림

동그랑땡 지구상에 존재하는 모든 모래알을 세셨다고 들었습니다.
그게 정말 가능한 것인지, 그래서 모래알은 몇 개나 되는지
궁금합니다.

**아르키
메데스** 상상을 한번 해볼까요? 오늘부터 동그랑땡 님이 동해안에
있는 모래알을 세기 시작한다고 말입니다. 밥도 안 먹고
잠도 안 자면서 1초에 5개씩 아주 빠른 속도로 센다고
가정해 봅시다. 그럼 언제쯤 끝날까요? 과연 끝나기는
할까요? 아마 평생을 바쳐도 다 세지 못할 겁니다. 지구가
아니라 우주 전체가 모래로 가득 차 있다고 가정하면
더더욱 불가능한 일입니다. 그런데 제 책《모래알을 세는
사람》에서는 우주를 가득 채우는 모래알 개수가 나옵니다.
그게 가능하냐고요? 결론부터 말하자면 제가 한 일은
모래알을 센 것이 아니라 모래알의 개수를 표현할 수 있는
수 체계를 만든 것입니다.

모래알 세기는 시라쿠사 왕의 말에서 시작되었습니다.
시라쿠사 왕께서 "모래알의 개수는 셀 수 없을 정도로

무한하다"라고 하셨거든요. 그런데 그 말은 틀렸습니다. 모래알이 무한히 많은 것처럼 보여도 분명 끝이 있기 때문입니다. 그렇다면 셀 수 있겠죠. 모래알의 개수는 유한하니까요. 문제는 당시에 모래알의 개수를 표현할 수 있는 수 체계가 없었다는 겁니다. 그래서 제가 큰 수를 표현할 수 있는 수의 체계를 만들었죠. 당시 그리스인들에게 만(10,000)은 아주 큰 수였어요. 그래서 만을 기준으로 만의 만, 만의 만의 만, 만의 만의 만의 만 등 큰 수를 거듭제곱 형태로 나타내 보았습니다. 만을 10의 거듭제곱으로 나타내면 10^4이니까 만의 만은 $10^4 \times 10^4 = 10^8$이 되고, 만의 만의 만은 $10^4 \times 10^4 \times 10^4 = 10^{12}$, 만의 만의 만의 만은 10^{16}이 되겠죠. 동양에서는 이런 수들을 억, 조, 경으로 부른다더군요. 중요한 건 이렇게 거듭제곱을 이용하면 엄청나게 큰 수들을 편리하게 나타낼 수 있다는 겁니다.

그래서 모래알이 모두 몇 개냐고요? 제 계산에 따르면 우주 전체가 모래알로 가득 찼다 하더라도 그 개수는 8×10^{83}개를 넘을 수 없습니다. 현대 과학에서도 우주 속을 가득 채우는 양성자의 개수를 약 10^{80}개 이하로 추정하던데, 그 결과를 보면 제 계산이 아주 엉뚱하지는 않았던 것 같습니다.

와이파이 원주율을 구할 때나 구의 부피를 구할 때 도형을 잘게

나누어 계속 더했다고 하셨는데요. 그렇다면 그 당시에

무한의 합을 계산할 수 있었던 건가요?

아르키 그랬다고 봐야겠네요. 무한을 더했던 경우가 종종
메데스
있었으니까요. 포물선의 넓이를 계산할 때도 내접하는

삼각형을 그리고 또 그리면서 점점 작아지는 삼각형들의

넓이를 무한히 더해 나갔거든요. 삼각형의 넓이 사이에

일정한 규칙이 있기 때문에 가능했습니다. 쉬운 예를 하나

들어 볼까요?

한 변의 길이가 2인 정사각형이 있을 때 각 변의 중점을

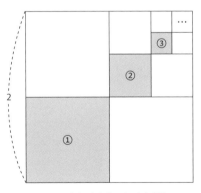

한 변의 길이가 2인 정사각형

그림처럼 잇고, 오른쪽 위 정사각형의 변의 중점을
같은 방법으로 다시 잇고, 또다시 같은 방법으로 오른쪽
위 정사각형을 나눈다고 생각해 봅시다. 이런 식으로
정사각형을 계속해서 나눌 때 색칠한 정사각형의 넓이의
합은 얼마가 될까요?

정답은 $\frac{4}{3}$ 입니다. 왜냐하면 ①은 크기가 같은 정사각형
3개 중 1개이고, ② 역시 크기가 같은 정사각형 3개 중
1개이기 때문입니다. 마찬가지로 ③도, 그다음에 생길
④도 크기가 같은 정사각형 3개 중 1개가 되겠죠? 그러니
색칠한 정사각형들의 넓이의 합은 전체 정사각형의
넓이인 4의 $\frac{1}{3}$ 이라 $\frac{4}{3}$ 가 됩니다.

아르키메데스의 다면체, 준정다면체

앞에서 얘기했던 정다면체 5개 기억해? 정사면체, 정육면체, 정팔면체, 정십이면체, 정이십면체 말이야. 이번에는 정다면체와 비슷하지만 조금 다른 준정다면체에 대해 알아볼 거야. 준정다면체를 '아르키메데스의 다면체'라고도 부르거든. 그렇다면 준정다면체란 어떤 도형이고, 정다면체와 무엇이 다를까? 먼저 준정다면체의 세 가지 조건을 살펴보자.

첫째, 두 가지 이상의 정다각형으로 둘러싸여 있고

둘째, 정n각형끼리는 각각 합동이야.

셋째, 모든 꼭짓점에는 도형들이 같은 방식으로 모여 있어.

한 가지 정다각형으로만 만들었던 정다면체보다 조건이 조금 느슨해진 것 같지? 두 가지 이상의 정다각형으로 만들 수 있으니까. 그래서 준정다면체의 종류는 정다면체보다 더 많아. 무려 13개나 되거든. 준정다면체도 정다면체처럼 대칭을 이루고 있어. 어느 방

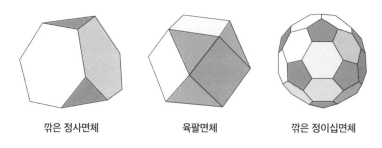

깎은 정사면체   육팔면체   깎은 정이십면체

향으로 돌리면서 봐도 같거든.

그렇다면 이번엔 준정다면체 만드는 방법을 알아봐야겠지? 방법은 크게 두 가지가 있어. 하나는 깎아 내는 방식이고 또 하나는 부풀리는 방식이야. 두 방식 모두 정다면체를 기본으로 해. 예를 들어 정사면체의 각 변을 삼등분한 후 이웃한 점을 연결해 잘라 내면 '깎은 정사면체'가 돼. 또 정육면체의 각 변의 중점을 이어 자르면 '육팔면체'가 되지. 깎아서 만든 준정다면체 중 가장 유명한 것은 축구공이야. 정육각형 5개가 정오각형 하나를 둘러싼 모양이 바로 '깎은 정이십면체'거든.

준정다면체를 부풀려서 만드는 방법은 조금 달라. 다면체의 면을 뜯어서 부풀린 다음, 새롭게 생기는 공간을 정다각형으로 채워 넣는 거니까. 예를 들어 정팔면체를 부풀리면 원래 있던 정삼각형 사이를 정사각형으로 채울 수 있어. 한 꼭짓점에 모이는 면의 개수가 4개이기 때문이지. 그러면 '부풀린 육팔면체'가 완성돼. 부풀린 육

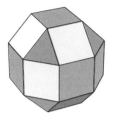

부풀린 육팔면체

부풀린 정육면체

팔면체는 육팔면체의 각 모서리의 절반 지점을 연결해 깎아서도 만들 수 있어. '부풀린 정육면체'를 만들 때는 방법이 조금 달라져. 정사각형들을 뜯어서 부풀린 다음, 비틀어서 사이사이를 정삼각형으로 채워 넣거든.

　준정다면체를 만드는 방법은 다양해. 그래서 같은 다면체를 두고도 부르는 이름이 조금씩 다를 수 있어. 조금 어렵지만 신기하지? 다른 준정다면체들은 과연 어떻게 만들어진 걸까 궁금하다면 직접 만들어 보는 것도 좋을 것 같아.

르네 데카르트

"멍 때리는 여유가
좌표를 탄생시켰습니다"

- - - - - - - -

1596년 ~ 1650년

프랑스의 수학자이자 철학자, 과학자. 천장에 붙은 파리를 보고 좌표를 떠올렸다고 전해진다. 도형을 좌표로 나타내 계산하는 해석기하학이라는 새로운 학문의 장을 열었다. "나는 생각한다. 고로 나는 존재한다"라는 말로 유명하다.

근대 철학의 아버지이자 해석기하학의 창시자이죠. 이분은
침대에 누워서 공상하는 것을 즐겼고, 그러다가 알게 된 철학적
깨달음을 1637년에 《방법서설》이라는 책으로 펴냈습니다.
'인간의 이성을 바르게 이끌고 학문에서 진리를 탐구하기
위한 방법'을 담은 이 책에서 특히 유명한 부분은 뒤에 덧붙인
〈기하학〉인데요. 존재하기 위해 생각하기를 멈추지 않았던 이분.
누구일까요? 바로 데카르트 선생님입니다.

데카르트 구독자 여러분, 안녕하세요. 방금 프랑스에서 도착한 르네
　　　　　데카르트입니다. 늦으면 안 된다는 연락을 받고 어찌나
　　　　　서둘러 왔는지 아직도 숨이 차네요.

수르 　덕분에 방송 시작이 아주 쫄깃합니다. 혹시 평소에도
　　　　　지각이 잦은 편인가요?

데카르트 누워서 생각을 좀 하다 보면 시간이 훌쩍 가버리거든요.

그런데 저는 그 시간을 절대로 포기할 수가 없습니다. 멍 때리는 순간에 창조적인 아이디어가 번쩍하고 떠오르니까요. 저의 수학적, 철학적 발견들은 바로 이런 시간 속에서 탄생한 겁니다.

수르 선생님의 대표 업적인 좌표평면, 미지수 x도 그렇게 생각해 내신 거겠죠? "나는 생각한다. 고로 나는 존재한다"라는 말씀처럼 생각을 통해 존재감을 확실히 각인시키신 것 같습니다.

수날두 저는 개인적으로 생각을 좀 덜하셨으면 얼마나 좋았을까 싶습니다. 선생님의 그 '생각' 때문에 지금 대한민국의 수많은 학생이 미지수 x, y의 늪에 빠져 힘들어하고 있거든요.

나는 미지수다,
고로 너는 계산한다

데카르트 수날두 씨는 하나만 알고 둘은 모르는군요. 만약 미지수를 x나 y로 놓지 않으면 어떨 것 같습니까?

수날두 글쎄요. 일단 수학 문제에 알파벳이 등장하지 않으니까 거부감이 덜하지 않을까요?

데카르트　정말 그럴까요? 지금부터 제가 내는 문제를 직접 한번
　　　　　풀어 보시죠. 단 x나 y 같은 문자를 절대로 사용하면 안
　　　　　됩니다.

어떤 수와 어떤 수의 $\dfrac{1}{7}$의 합은 19와 같다.

수날두　'어떤 수'를 찾는 문제인데 숫자를 이리저리 넣어 봐도
　　　　　모르겠고… 너무 어렵네요. 선생님의 명언을 빌려서 저도
　　　　　망언을 하나 던지고 싶습니다. 한번 들어 보시겠습니까?
　　　　　"나는 수학한다. 고로 나는 포기한다."

데카르트　허허. 라임이 살아 있네요. 그런데 고작 일차방정식 앞에서
　　　　　수학을 포기하실 겁니까? 그건 너무 자존심 상하는 일일
　　　　　텐데요. 수날두 씨에게 기회를 한 번 더 드리겠습니다.
　　　　　이번엔 문자를 사용해서 풀어 보시죠.

수날두　일단 '어떤 수'를 미지수 x로 놓고 주어진 문장을 식으로
　　　　　만들어야겠네요. 그러면 $x + \dfrac{1}{7}x = 19$가 되니까 $\dfrac{8}{7}x = 19$.
　　　　　x는 $\dfrac{133}{8}$이군요.

데카르트　어떻습니까?

수날두　문자를 사용하니까 훨씬 쉽게 풀리네요. 그리고 답을
　　　　　보니 알겠습니다. 이 문제는 애초에 숫자를 대입하는

방식으로는 풀리지 않는 문제였어요.

데카르트 수학 문제를 풀 때 문자가 얼마나 유용하고 편리한지
아시겠죠? 지금은 다양한 기호와 문자로 수학식을
간결하게 표현하고 있지만 과거에는 그렇지 않았습니다.
수학이 폭발적으로 발전했다고 알려진 그리스의
수학책에서조차 문제를 죄다 문장으로 썼으니까요.
참고로 방금 풀었던 일차방정식은 이집트의 파피루스에
적혀 있던 문제입니다.

수르 그렇군요. 그럼 기호나 문자는 누가 언제 처음
사용했을까요?

데카르트 글쎄요. 정확히 알기는 어렵죠. 다만 인도에서 쓰던 문자가
유럽으로 전해졌고, 그 후 여러 수학자를 거치며 오늘날에
이르렀다고 할 수 있습니다. 그리고 그 과정에서 수학
기호의 발전에 크게 공헌한 수학자가 몇 명 있었습니다.
알파벳을 방정식에 적용했던 프랑수아 비에트가 그중 한
사람이죠.

수날두 처음부터 미지수를 x로 쓴 건 아니었군요. 그러면
알파벳을 처음 사용한 식은 어땠나요? 지금과는
달랐겠죠?

데카르트 그럼요. 수학자 토머스 해리엇은 어떤 수의 제곱을 AA,

세제곱을 AAA와 같이 표시했습니다.

수르   예를 들어 3AA-5A+2는 오늘날 $3x^2-5x+2$가 되겠네요. 차수가 3차, 4차, 5차처럼 높아지면 식이 길어져서 불편할 것 같은데요? 종이를 많이 차지하니 경제성 측면에서도 비효율적인 것 같고요.

수날두   AAA 건전지 느낌이라 영 별로네요. 수르 씨가 말씀하신 편리성이나 경제성 측면에서는 선생님께서 찾은 미지수 x가 여러모로 좋아 보입니다. 그런데 x를 미지수로 써야겠다는 생각은 어떻게 하신 겁니까?

데카르트   그건 인쇄소에서 일하는 직원의 아이디어였습니다. 당시에는 책을 인쇄할 때 쪽마다 활자를 조합해야 했거든요. 그런데 작업 중에 활자가 부족해진 겁니다. 고민하던 직원이 제게 물었죠. 혹시 수학식 중에서 '어떤 수'에 해당하는 부분을 x, y, z로 찍으면 안 되겠냐고 말입니다.

수날두   다른 알파벳도 많은데 왜 하필 x, y, z였죠?

데카르트   사용 빈도가 현저히 적었거든요. 사전을 보면 바로 이해가 되실 겁니다. a, b, c, d 같은 알파벳으로 시작하는 단어들은 정말 많습니다. 그에 비해 x, y, z로 시작하는 단어들은 턱없이 적어요. 다른 문자와 합쳐지는 경우도

적은 편이고요. 그러니 책을 인쇄할 때 x, y, z 같은 활자가
다른 활자에 비해 많이 남았겠죠.

수날두 인쇄소에서 홀대받던 활자가 수학책에서 주인공으로
거듭났군요. 정말 재미있는 이야기입니다.

파리의 위치를
아세요?

수르 선생님은 재미있는 일화가 참 많으신 것 같습니다. 파리
이야기도 그렇고요.

수날두 프랑스 파리요?

수르 아니요, 날아다니는 파리요. 엄청 유명한 이야기인데 설마
못 들어 보셨습니까?

데카르트 수날두 씨를 위해 그 얘기도 해드려야겠네요. 여느
때처럼 침대에 누워서 멍을 때리던 날이었습니다. 한창
생각에 빠져 있는데 천장 위로 파리 한 마리가 기어가는
겁니다. 이리저리 움직이는 파리를 한참 바라보다가 문득
궁금해졌습니다.

수날두 뭐가요?

데카르트 파리의 위치요. 어떻게 하면 저 파리의 위치를 정확하게

나타낼 수 있을까? 그게 궁금해지더군요.

수날두 '파리를 어떻게 때려잡을까' 아니면 '어떻게 내쫓을까?'가
아니고요? 도대체 파리의 위치가 왜 궁금한 거죠?

데카르트 그렇다면 질문을 바꿔 보겠습니다. 수날두 씨가 배를 타고
태평양 한가운데를 떠다닌다고 상상해 봅시다. 바다 위
자신의 위치가 정확히 어디인지 알고 싶지 않겠습니까?

수날두 그야 당연히 알고 싶고, 알아야만 하죠. 내 위치를 알아야
목적지를 찾아갈 거 아닙니까. 사실 요즘엔 내비게이션이
다 알려 주죠. 현재 내 위치, 목적지까지 걸리는 시간과
거리까지. 워낙 친절히 알려 주니까 걱정할 필요가 없어요.

데카르트 방금 말한 내비게이션 속에 제가 발견한 좌표가 숨어
있습니다. 그리고 그 좌표의 발견은 '파리의 위치를 어떻게
나타낼 수 있을까?' 하는 고민에서부터 시작되었고요.

수날두 앗! 내비게이션의 발명이 천장을 기어가는 파리 한
마리에서 나왔다니… 믿을 수가 없군요.

데카르트 믿음이 가도록 설명을 덧붙여야 할 것 같습니다. 먼저
유클리드 기하학이 뭔지는 다들 알고 계시죠?

수르 지난번에 유클리드 선생님께서 직접 출연해 자와
컴퍼스로 도형을 그리고 성질을 연구하는 학문이라고
하셨습니다.

르네 데카르트

데카르트 맞습니다. 중요한 건 유클리드 기하학에는 좌표가 없다는 사실이에요. 백지처럼 하얀 평면에 도형을 그리니까요. 유클리드 기하학에서는 도형을 그릴 때 어느 위치에 그릴까를 고민할 필요가 없습니다. 어디에 그리든 다 똑같거든요.

수르 천장을 유클리드 평면이라고 생각하면, 파리가 어디로 이동하든 상관없이 천장에 붙어 있다는 사실만을 말할 수 있는 거군요.

데카르트 그렇죠. 그런데 파리는 움직이잖아요. 시간에 따라 위치가 달라진다는 말입니다. 그렇다면 하얀 평면에 뭔가를 그려 넣음으로써 위치를 나타낼 수 있지 않겠습니까?

수날두 천장에 뭘 그려 넣어야 하죠?

데카르트 직선을 그리면 됩니다.

수날두 어떻게요?

데카르트 일단 천장과 벽이 만나서 생기는 수직인 두 직선을 표시하고 각각 x축, y축으로 놓습니다. 그다음에 x축, y축과 평행한 직선들을 일정한 간격으로 그려 나가는 거예요. 그러면 파리의 위치가 x축과 y축 방향으로 각각 얼마만큼 떨어져 있는지를 알 수 있어요. 그걸 순서쌍으로 표현하면 파리의 현재 위치를 나타낼 수 있습니다.

수날두 　기준점은 x축, y축이 만나는 점인가요?

데카르트 　맞습니다. 그 점을 '원점'이라고 하죠. 예를 들어 파리가
원점을 기준으로 x축 방향으로 3만큼, y축 방향으로 2만큼
떨어져 있다면 순서쌍을 (3, 2)로 표시하는 거예요.

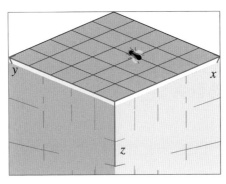

천장에 붙은 파리의 위치

수날두 　파리가 이리저리 돌아다녀도 계속해서 위치를 표시할 수
있겠네요. 그런데 혹시 파리가 날아가면 어떡하죠?

데카르트 　날아다니는 위치도 표시할 수 있습니다. 원점을 기준으로
천장과 수직인 직선을 z축으로 놓으면 되거든요. 예를
들어 방금까지 (3, 2)에 있던 파리가 수직 방향으로 5만큼
내려왔다면 현재 위치는 (3, 2, -5)가 되겠죠. 평면에서
위치를 표시할 때는 좌표 2개만으로 충분했지만,
공간에서는 좌표 3개가 필요합니다.

르네 데카르트

수르 그렇다면 4차원에서는 좌표 4개, 5차원에서는 좌표 5개로 점의 위치를 표시할 수 있는 건가요?

데카르트 그렇습니다. 이론적으로는 차원이 아무리 커져도 위치 표시는 언제나 가능합니다.

수날두 와, 파리를 보며 이런 생각을 할 수 있다니… 놀랍네요.

블록버스터급 발견, 좌표와 함수

데카르트 이게 끝이 아닙니다. 시간에 따라 달라지는 위치를 표시할 수 있게 되면서 움직임을 수학으로 설명할 수 있게 되었거든요.

수날두 그건 또 어떻게 하죠?

데카르트 현재 위치를 순서쌍으로 표시했던 것처럼 1분 후의 위치, 1시간 후의 위치를 계속해서 순서쌍으로 나타내면 됩니다. 순서쌍 표시가 힘들다면 표나 그래프를 그릴 수도 있습니다.

수날두 표와 그래프가 등장하는군요.

데카르트 예를 들어 파리가 움직인 거리를 1분마다 측정해서 다음 그래프를 그렸다고 해봅시다. 그래프에서 x축은 시간이고,

y축은 이동 거리입니다. 이 그래프를 보면 파리가 5분 동안 어떻게 움직였는지를 분석할 수 있습니다. 한번 해보시겠습니까?

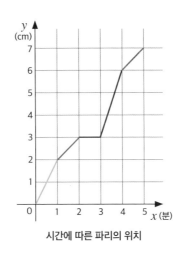

시간에 따른 파리의 위치

수르   제가 먼저 해볼까요? 측정을 시작한 후 파리는 1분 동안 2센티미터를 움직였네요. 1분이 더 지나는 동안에는 1센티미터를 움직였고요.

수날두   2분에서 3분 사이에는 움직이지 않고 가만히 있었던 건가요?

수르   그렇죠. 그다음 1분 동안에는 3센티미터를 움직였고, 마지막 4분에서 5분 사이에는 1센티미터를 이동했습니다. 계산하면 파리는 1분에 평균 1.4센티미터씩 움직였다고 볼

     르네 데카르트

수 있겠네요.

데카르트 대단한 분석입니다. 그런데 사실 분석이 어렵지 않았던 건 그래프 덕분이기도 합니다. 시간에 따른 파리의 위치나 거리를 숫자로만 나타내면 한눈에 보기 어렵거든요. 그래서 요즘에는 자료를 그래프로 나타내는 경우가 많다고 합니다. 주식이나 부동산 시세, 기업의 매출과 순이익, 시청률 같은 것들 말입니다.

수르 사실 저희도 매회 방송이 끝날 때마다 모니터링을 합니다. 영상을 클릭한 횟수나 시청 시간, 구독자 수의 변화 같은 지표를 분석하기 위해서요. 그때 그래프로 보면 훨씬 편리하더라고요.

수날두 그런데 저런 그래프를 학교에서 배우지 않았나요?

수르 오, 수날두 씨. 함수 단원을 기억하다니 대단합니다.

수날두 맞아요, 함수! 제가 제일 싫어했던 단원 중 하나입니다. 'x값이 변할 때 y값은 어떻게 변하냐', '그걸 또 그래프로 어떻게 그리냐', '그래프를 분석해 봐라' 같은 질문을 계속하잖아요. 알고 보니 그게 다 데카르트 선생님 때문에 생겼군요.

데카르트 지금 저를 원망하시는 겁니까?

수날두 아니라고 하면 거짓말일 것 같은데요.

데카르트 내비게이션이 제 덕분에 생겨났다고 말씀드렸는데도 말입니까?

수날두 아… 그새 잊고 있었네요. 내비게이션을 생각하면 조금 고맙긴 합니다.

데카르트 내비게이션에는 좌표의 개념만 있는 게 아니에요. 목적지까지 걸리는 시간을 계산하려면 좌표 속 시간과 거리와의 함수 관계를 따져 봐야 하거든요. 좌표 없이는 함수라는 개념을 생각할 수 없는 셈이죠. 아시는지 모르겠지만 미국에서는 '범죄 지도'를 만들어서 범죄율을 크게 줄였다고 합니다. 범죄가 일어난 시각과 위치를 지도에 표시해서 범행 패턴을 파악하고, 다음에 일어날 범죄를 예방하는 거예요. 그러니 좌표와 함수의 발견이 우리 삶을 얼마나 윤택하게 하는지 알 수 있겠죠?

수르 범죄 지도라는 아이디어는 정말 좋아 보입니다. 우리나라에도 도입하면 좋을 것 같은데요?

데카르트 수날두 씨 표정이 석연치 않으니 얘기를 하나 더 해보죠. 혹시 애니메이션 좋아하십니까? 사람처럼 움직이고 표정을 짓는 캐릭터가 주인공인 영화 말입니다.

수날두 영화라면 환장하죠. 특히 가상 현실이 배경인 SF 영화를 좋아합니다. 컴퓨터 그래픽을 이용해 만들었다는 걸

르네 데카르트

아는데도 진짜 현실처럼 느껴져서 신기하거든요.

데카르트 말씀하신 컴퓨터 그래픽 기술 안에도 함수가 들어 있습니다. 3차원 좌표를 가진 공간이나 물체를 만들 때, 이렇게 만든 물체를 실감 나게 움직여야 할 때 함수식이 필요하거든요. 특히나 사람과 닮은 대상을 컴퓨터 그래픽으로 만들어 움직일 때는 더욱 정밀한 계산이 필요합니다. 사람의 표정과 동작을 이미지로만 자연스럽게 구현해 내기란 정말 어려운 일이거든요. 그래서 요즘에는 '모션 캡처'라는 기술을 쓴다더군요. 사람의 얼굴이나 몸에 센서를 붙인 다음, 위치에 따른 좌표를 인식해 가상 캐릭터를 실제와 똑같이 움직이는 거죠.

수르 교과서에서는 단순하게 문제를 풀기만 했는데 현실에서는 훨씬 복잡한 방식으로 응용이 되는군요.

데카르트 그럼요. 의료 분야에서도 좌표는 중요한 역할을 합니다. 뇌에 생긴 종양이나 몸속에 생긴 결석을 없앨 때 좌표가 필요하거든요. MRI나 엑스레이 촬영으로 수술할 부위의 위치와 크기를 알아낸 다음, 방사선이나 충격파로 피부를 자르지 않고도 수술하니까요.

수날두 선생님! 저 지금 두 손을 고이 모으고 있습니다. 갑자기 좌표와 함수 공부를 열심히 해야겠다는 생각이 듭니다.

데카르트 허허. 수날두 씨가 달라졌군요. 그럼 좌표가 만들어 낸 놀라운 진보를 하나 더 덧붙여도 되겠습니까?

수날두 또요?

좌표평면 위에 올라탄 도형이라니!

데카르트 수르 씨, 아까 저를 소개할 때 '해석기하학의 창시자'라고 하셨는데, 해석기하학이 뭔지 아시나요?

수르 사실 저도 대본대로 읽은 거라 잘은 모르겠습니다.

데카르트 그렇다면 설명해 드려야죠. 아까 유클리드 기하학에서는 아무것도 없는 평면에 도형을 그린다고 했잖아요. 그와 달리 해석기하학에는 좌표가 있습니다. 좌표평면 위에 도형을 그리는 거죠. 함수의 그래프를 그렸듯이 말입니다. 그래서 해석기하학을 좌표기하학이라고도 부릅니다.

수날두 x축, y축이 있는 평면에 어떤 도형을 그리죠?

데카르트 어떤 도형이든 상관없습니다. 삼각형이나 사각형, 원을 그리기도 하고 직선이나 포물선 같은 도형을 그릴 수도 있지요.

르네 데카르트

수날두   도형을 좌표평면 위에 그리면 뭐가 좋나요?

데카르트   도형에 식을 쓸 수 있습니다. 예를 들어 볼까요? 유클리드

기하학에서 원은 '한 점으로부터 같은 거리에 있는 점들의

모임'이기 때문에 반지름만 같다면 위치와 상관없이 모두

같은 원이 되잖아요. 그런데 해석기하학에서는 위치에

따라 원을 나타내는 식이 달라집니다. 중심이 원점이고

반지름이 1인 원의 식은 $x^2+y^2=1$이지만, 중심을 $(2, 3)$으로

옮기면 $(x-2)^2+(y-3)^2=1$이 되는 거죠.

수날두   피타고라스의 정리군요! 피타고라스 선생님이 두 점

사이의 거리를 구할 때도 쓸 수 있다고 했던 게 기억납니다.

데카르트   오호. 맞습니다.

수르   직선도 기울기와 y절편의 위치에 따라 다른 식이 되지

않습니까? 오른쪽 그림처럼 기울기가 똑같이 2인

직선이어도 y절편이 2이면 $y=2x+2$, y절편이 -2이면

$y=2x-2$니까요.

데카르트   도형에 식을 쓸 수 있게 되자 계산도 가능해졌습니다.

도형끼리 계산을 할 수 있게 된 거예요. 예를 들어 두

직선의 교점을 구할 때는 미지수가 2개인 방정식들을 묶어

놓은 연립방정식을 사용할 수 있습니다. 포물선과 직선의

교점도 같은 원리로 구할 수 있죠.

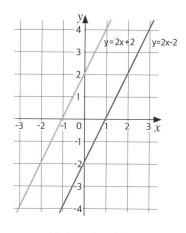

기울기가 2인 두 직선

수르 　도형끼리 계산을 한다니… 뭔가 혁명적인 변화가 일어난
　　　 것 같네요.

데카르트 도형을 그림으로만 보던 시각의 한계를 넘어섰으니까요.
　　　 도형 위에 점의 좌표를 주고 식처럼 계산하는 방식은
　　　 별개 분야로 인식되었던 기하학과 대수학을 하나로 묶는
　　　 역할을 했습니다. 가히 혁명이라고 할 만하죠.

수르 　그렇다면 거꾸로도 가능하지 않을까요? 도형을 식으로
　　　 나타냈듯이 식을 도형으로 그릴 수도 있을 것 같거든요.

데카르트 바로 그렇습니다. 도형과 식이 서로를 보완하며 의미를
　　　 분명히 해주기 때문에 어느 쪽으로든 사용이 가능합니다.

수날두 문득 파리가 좌표평면 위를 움직였듯이 도형도 움직일 수

117

있겠다는 생각이 드는데요?

데카르트 브라보! 오늘 수날두 씨가 가장 빛나는 순간입니다. 도형의 움직임에 대한 연구! 그게 바로 미분과 적분이 탄생한 배경이었거든요.

수날두 오, 선생님 같은 수학자에게 이런 칭찬을 받다니. 기분이 너무 좋습니다. 이 타이밍에 절묘하게 어울리는 시 한 편을 읊어 봐도 되겠습니까?

수르 갑자기 웬 시죠?

수날두 "내가 도형에 이름을 붙여 주자 그것은 나에게로 와서 해석기하학이 되었다." 김춘수 시인의 시 〈꽃〉을 패러디해 봤습니다. 데카르트 선생님께서 도형에 '식'이라는 이름을 붙여 주면서 해석기하학이라는 '꽃'이 활짝 피게 된 것 같아서 말입니다.

데카르트 허허허. 저의 발견을 꽃에 빗대어 주시다니 무척 감사하네요.

수르 그럼 이제 선생님을 기다리는 구독자분들을 직접 만나러 가볼까요?

Q&A
: 그것에 답해 드림

허수어미   선생님께서 음수를 수로 인정하고 자리를 만들어 줬다는 얘기를 들었습니다. 그 말이 사실인지, 그런데 왜 허수는 무시하신 건지 이유가 궁금합니다.

데카르트   음수의 자리를 만들어 준 것은 사실입니다. 음수가 수로 인정받을 수 있었던 결정적인 계기가 수직선 덕분이었거든요. 0을 기준으로 증가하는 방향(오른쪽)을 양수로 정하면서 반대쪽(왼쪽)을 음수로 놓을 수 있었던 거예요. 사실 좌표가 생기기 전까지는 음수를 수로 생각하기가 힘들었습니다. 생각해 보세요. 수라는 건 구체적인 양을 헤아리면서 생겨난 거잖아요. 사과 한 쪽, 양 두 마리, 사탕 세 알처럼 말입니다. 그런 맥락에서 0을 수로 봐야 하나 말아야 하나는 수학자들에게 아주 골치 아픈 문제였습니다. 눈에 보이지도 않는 개념을 굳이 숫자로 쓸 이유가 없었으니까요. 그래서 0이 숫자로 인정받기까지 수백 년이라는 시간이 걸렸습니다. 그러니 0보다 작은 음수가 수냐 아니냐는 더 뜨거운 이슈였겠죠.

방정식의 아버지라고 부르는 디오판토스도 음수는
인정하지 않았습니다. 방정식을 참이 되게 하는 해가
음수여도 말이지요. 심지어 저보다 후대에 태어난 천재
수학자 파스칼도 0보다 작은 수는 없다고 생각했습니다.
제가 살던 시대에 0은 '가짜 수'나 '엉터리 수' 정도로
받아들여졌습니다. 그 가짜 수들의 자리를 제가 수직선
위에 만들어 주면서 비로소 수로 인정받기 시작했던
거고요. 그러니 생각해 보세요. 이제 겨우 음수의 자리를
만들어 줬을 뿐인데, 제곱해 -1이 되는 수까지 인정하라는
건 너무 성급한 요구 아니겠습니까? 당시 제 생각으로도
제곱해서 -1이 되는 수는 너무나 허무맹랑해 보였어요.
그런 수는 존재할 수 없을 것 같았죠. 그래서 현실에
없는 '상상의 수(허수)'라고 비꼬았던 겁니다. 물론 지금은
없어서는 안 될 수가 되었지만 말입니다.

원조보쌈 해석기하학 창시에 대한 원조 논란이 뜨겁습니다.
페르마가 처음 생각해 냈다는 소문이 돌던데 사실인가요?

데카르트 일단 제가 해석기하학을 언급한 곳은 《방법서설》의
마지막 부록인 〈기하학〉이라는 사실을 분명히 밝히고
싶습니다. 반면에 해석기하학에 대한 페르마의 발표는

어디에도 없었어요. 페르마는 세상을 떠나기 전까지 그가
했던 연구 내용을 세상에 공개하지 않았거든요. 그래서
사람들이 해석기하학의 창시자를 저라고 말하는 겁니다.
좀 미안한 감이 없지는 않지만 그건 제 잘못이 아닙니다.
페르마가 해석기하학 연구를 자기 업적으로 남기길
원했다면 공식적인 경로를 통해 발표를 했어야 맞습니다.
다행히 저도, 페르마도 프랑스 사람이었기 때문에 원조
논란이 크게 불거지지는 않았습니다. 만약 저희 두 사람의
국적이 달랐다면 국가 간 분쟁이 일어났을 수도 있지요.
미적분의 발견을 둘러싸고 벌어졌던 뉴턴과 라이프니츠의
싸움처럼요. 아시는지 모르겠지만 두 사람은 비슷한
시기에 서로 다른 장소에서 미적분을 발견했습니다.
영국의 뉴턴과 독일의 라이프니츠가 자기만의 방식으로
미분과 적분의 개념을 발전시킨 거죠. 결국 영국과
독일을 비롯한 유럽 대륙 사이에 누가 먼저냐를 두고
격렬한 싸움이 일어났습니다. 한동안 영국과 유럽 대륙의
수학자들이 서로 왕래를 하지 않을 만큼 분쟁은 치열했죠.
수학의 발전이라는 측면에서 보면 잃는 게 더 많았던
시기였습니다. 그러니 저와 페르마가 같은 국적이라는 게
정말 다행이지 않습니까?

르네 데카르트

세상의 모든 관계, 함수

함수에 대한 얘기를 조금 더 해볼까? 앞에서 내비게이션, 3D 영화, 애니메이션 등에 함수가 쓰이고 있다고 했잖아. 그런데 함수의 쓰임새는 이것보다 훨씬 많아. 아니, 세상의 모든 관계는 함수로 설명할 수 있다고 해도 과언이 아니야. 왜냐고? 함수란 변화하는 두 양 사이의 관계를 설명하는 도구거든.

먼저 학교에서 배운 함수의 뜻을 되짚어 볼까? 함수는 변수 x, y가 있을 때 x의 값이 변함에 따라 y의 값이 하나씩 정해지는 관계야. 쉽게 말하면 어느 하나의 값(x)이 변할 때 다른 하나의 값(y)도 따라서 변하는 관계라고 할 수 있지. 기호로는 f를 쓰는데, f는 영어로 function의 첫 글자야. '작용', '역할', '기능'이란 뜻을 가지고 있지. 말 그대로 x를 y로 바꿔 주는 기능을 하니까. 그런데 이런 의미에서라면 function이 아니라 공장을 뜻하는 factory로 써도 되지 않을까? 마치 사과(x)를 주스 공장(f)에 넣으면 사과주스(y)가 만들어지는 것처럼 말이야.

함수의 예는 우리 주변에 아주 많아. 예를 들어 변수 x를 '시간'이

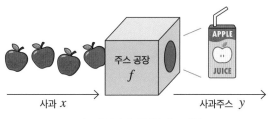

x가 y에 하나씩 대응할 때 y=f(x)

라고 생각해 보자. 시간이 갈수록 변하는 게 뭐가 있을까? 사실 모든 것이 바뀌잖아. 태양과 지구의 거리가 달라지면서 계절이 바뀌고, 동식물도 생성과 소멸을 끊임없이 반복하지. 전 세계 인구수도 시시각각 변할 거야. 인간이 버리는 쓰레기의 양은 점점 늘어날 거고 그에 따라 지구 대기를 차지하는 이산화탄소의 양은 더욱 많아지겠지.

멀리 볼 것 없이 나의 상태가 어떤지 한번 살펴봐. 신체나 감정의 상태는 매일 조금씩 달라지거든. 어느 날은 좋았는데 또 어느 날은 축 처지고, 그러다 또 좋아지고를 반복하잖아. 다들 경험해 봤지? 컨디션이 일정한 주기를 기준으로 반복되는 거야. 이런 걸 바이오리듬이라고 부르는데 컨디션의 변화를 그래프로도 그릴 수 있어. x축을 시간, y축을 컨디션으로 놓고 그래프를 그리면 마치 물결처럼 오르락내리락하는 모양이 나와. 이런 관계를 '삼각함수'라고 하고, 물결 모양인 그래프를 '삼각함수의 그래프'라고 해.

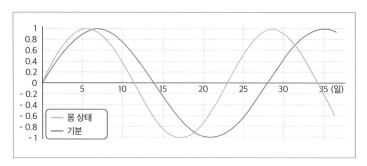

시간에 따른 컨디션의 변화 그래프

손목에 손가락을 대고 내 심장 박동을 느껴 볼 수도 있어. 병원에 가면 맥박이 뛰는 모습을 화면에 띄워 주는 기계가 있잖아. 맥박의 변화 역시 그래프로 나타낼 수 있는 거야. 새해 첫날 떡국을 먹으면서 나이에 관한 그래프를 그려 보는 건 어때? 1년마다 한 살씩 늘어가는 나이의 규칙을 그래프로 그리면 계단처럼 뚝뚝 끊어지며 올라가는 모양이 되거든.

지금 설명한 모든 것이 함수야. 놀랍지 않아? 아까도 말했듯이 함수라는 건 변화하는 두 양 사이의 관계를 말해. 무엇이든 멈춰 있기보다는 변화하니까 세상의 모든 관계를 함수로 설명할 수 있다는 말이 결코 과장은 아니겠지?

정비례와 반비례, 일차함수와 이차함수, 삼차함수와 사차함수, 삼각함수, 지수함수, 로그함수처럼 다양한 함수를 학교에서 배우

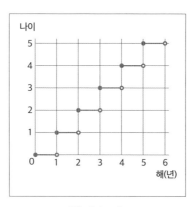

연별 나이 그래프

는 이유도 같은 맥락이야. 계속해서 바뀌는 세상을 읽어 내고 분석하기 위해서는 상황 속에 숨어 있는 함수 관계를 볼 수 있어야 하거든. 예를 들어 지구 온난화에 따른 기후 변화를 관측하고, 그에 따른 이상 기후 현상이 어디서 어떻게 일어날지를 파악해서 기후 재난에 대비하는 것도 함수 관계를 파악하는 일이라고 할 수 있어. 이제 함수를 왜 열심히 배워야 하는지 충분히 알겠지? 내가 어디에서 누구와 무엇을 하든 그 속에 함수의 원리가 있다는 사실! 잊지 마.

피에르 드 페르마

"여백이 좁으니
제 소개는 방송에서 하겠습니다"

- - - - - - - -

1601년 ~ 1665년

프랑스의 수학자이자 법관. 쉬는 시간에 틈틈이 수학 문제를 풀면서 무료함을 달랬고, 수학자들에게 수학 증명이 담긴 편지를 보내 괴롭힌 것으로 유명하다. 350여 년간 풀리지 않았던 수학의 난제 '페르마의 마지막 정리'를 만들었다.

취미로 수학을 공부했으면서도 전문 수학자 못지않게 많은
업적을 남긴 분이죠. 이분은 수학을 공부하다가 중요한 사실을
발견하거나 궁금한 것이 생기면 다른 수학자들에게 종종 편지를
써서 보냈다고 합니다. 그분의 편지가 도착했다는 소식은
수많은 수학자를 두려움에 떨게 했다는 소문도 있는데요. 전문
수학자들을 골탕 먹인 아마추어 수학자. 17세기를 대표하는
수학계 빌런. 과연 누구일까요? 바로 페르마 선생님입니다.

페르마 만나서 반갑습니다. 프랑스에서 법관이자 변호사로
활동했던 아마추어 수학자 피에르 드 페르마입니다. 저를
방송에 불러 주시다니 참으로 영광입니다.

수날두 방송 출연은 처음이신가요?

페르마 제 직업이 법을 다루는 일이다 보니 법률 상담이나 자문을
하는 방송에서는 저를 종종 부릅니다. 수학 토크는 처음인

것 같은데요?

수르　그렇군요. 죄송한 말씀이지만 사실 저희가 처음 출연진을 정할 때 선생님은 명단에 없었습니다. 아마추어 수학자다 보니 아무래도 우선순위에서 밀린 것 같습니다. 그런데 출연자에 대한 사전 조사를 하다 보니 선생님 성함이 자꾸 보이더라고요. 피타고라스 선생님을 비롯해 데카르트, 파스칼 선생님도 다 선생님과 관련이 있던데요?

페르마　우선순위에서 밀렸다라… 기분이 좀 별로긴 하지만 쿨하게 인정합니다. 말씀하신 대로 저는 취미로 수학을 공부한 아마추어니까요. 아마 제가 출연한 걸 보고 기분 나빠 하는 수학자도 있을 겁니다. 아마추어 수학자에게 밀린 기분이 그리 유쾌하지는 않을 테니까요.

수날두　지금 하신 말씀에서 악당, 그러니까 빌런 느낌이 확 나는데요? 혹시 약 오르고 있을 수학자들을 상상하면서 통쾌해하고 계신 건가요?

페르마　어이쿠! 티가 났습니까? 제가 표정 관리를 잘 못하는 편이라서요. 죄송합니다.

수르　아니 뭐, 그게 사실이면 어쩔 수 없지요. 취미로 한 공부가 전문가를 뛰어넘을 정도라면 떠벌리듯 자랑해도 되는 일 아니겠습니까?

페르마   겸손하게 살기란 참 어려운 일 같습니다. 말이 나왔으니
          말인데, 저는 별로 어렵지 않게 발견한 사실들을 다른
          사람들은 참 오랫동안 매달리며 끙끙거리더군요.

그 법관이
아마추어 수학자가 된 사연

수날두   선생님이 보낸 편지를 받고 여러 수학자가 두려움에
          떨었다는 소문이 있습니다. 알고 계십니까?

페르마   아무래도 자존심이 달린 문제니까요. 직업이 수학자인
          사람들끼리는 누군가 먼저 발견해서 알려 줄 수도 있고,
          같이 모를 수도 있잖아요. 문제를 만들고, 안 풀리는
          문제를 푸는 게 원래 수학자들이 하는 일이니까요. 그런데
          저 같은 아마추어 수학자가 던진 질문을 해결하지 못하면
          어떨 것 같습니까?

수르   자존심이 상할 거 같습니다.

페르마   가끔은 제가 이미 증명한 사실을 확인하기 위해 편지를
          보내기도 했어요. 그럴 때는 더 부담스러웠을 거예요.
          '페르마는 이미 증명을 마쳤는데 나는 왜 안 되지?' 싶으면
          정말 난감하잖아요.

수날두   저 같아도 엄청 약이 오를 것 같네요. 혹시 그런 상황을
　　　　　　즐기시는 겁니까?

페르마   즐긴다기보다 진짜로 확인해 보고 싶었습니다. 제가 한
　　　　　　증명이 맞는지 틀리는지 알아야 하잖아요. 요즘 학생들이
　　　　　　푸는 문제집처럼 해답지가 있는 것도 아니고 제가 다니는
　　　　　　직장에 수학자가 있는 것도 아닌데 별수 있습니까?
　　　　　　전문가에게 편지라도 써서 확인을 받는 수밖에요.

수르   듣고 보니 그러네요. 그런데 정말 똑똑하셨던 모양입니다.
　　　　　　법관으로 사는 것만으로도 충분히 바쁘셨을 텐데 그
　　　　　　와중에 어떻게 수학을 공부하신 거죠?

페르마   낮에는 직장에서 주어진 일을 해야 하지만 저녁과 휴일은
　　　　　　온전히 제 시간이잖아요. 그때 수학을 공부한 겁니다.
　　　　　　심심할 때 시간 때우기로는 수학만 한 게 없거든요. 어떤
　　　　　　문제를 집중해서 풀다 보면 시간이 순식간에 삭제된 것
　　　　　　같은 경험, 다들 한 번씩은 있지 않습니까?

수날두   선생님, 모든 사람이 그런 경험을 하는 것은 아닙니다. 저
　　　　　　같은 사람 입장에서는 세상에 재미있는 게 쌓여 있는데,
　　　　　　왜 하필 황금 같은 휴식 시간에 수학을 공부하는지 도저히
　　　　　　이해 불가입니다.

페르마   지금은 TV, 인터넷, 게임에 동영상까지 볼 것도 즐길 것도

많은 시대지만 제가 살던 17세기는 그렇지 않았어요. 지루하기가 이루 말할 수 없었죠. 시간이 참 느리게 가던 시대였습니다. 같이 모여서 먹고 마시며 수다를 떠는 사교 모임이 가장 큰 즐거움이었으니까요.

수날두 그거 재밌겠네요. 사람들을 만나 수다 떨고 춤도 좀 추시면 스트레스도 해소되고 좋잖아요.

페르마 그마저도 제 직업 때문에 불가능했습니다. 사교 모임에서 알게 된 사람에게 부정한 청탁이 들어올 수 있고, 친한 사람이 법정에 섰을 때 사적인 감정에 휘말려 공정한 판결을 하지 못할 수도 있으니까요. 그런 이유로 저 같은 법관이 사교 모임에 참석하는 것을 나라에서 아예 금지했습니다.

수날두 아이고, 정말 손발을 다 묶어 놓은 상황이군요.

페르마 그러니 어쩌겠습니까. 심심함에 몸부림치느니 수학이라도 공부하는 게 낫죠. 그리고 막상 해보면 수학 공부가 의외로 아주 재밌습니다. 수학만 가진 독특한 매력이 있거든요. 끙끙대다가 답을 알아냈을 때 그 쾌감. 그건 마치 어두컴컴한 방을 더듬거리며 헤매다가 전등 스위치를 발견해 불을 딸깍하고 켰을 때와 같습니다. 그야말로 광명을 찾은 느낌이죠.

피에르 드 페르마

수르	갑자기 유레카를 외치던 아르키메데스 선생님이 생각나는데요?
페르마	바로 그런 기분입니다. 그런데 사실 수학의 즐거움을 한번 맛본 사람들은 어둠 속을 더듬거리며 헤매는 그 순간을 오히려 더 즐깁니다. 가능성을 따져 보며 상상의 나래를 펼치는 그 순간이 진짜 수학을 하는 시간이거든요. 산을 오르며 풍경을 즐기고 마음을 정화하는 순간처럼 말이죠.
수날두	정상에 오르는 기쁨도 있지만 과정도 못지않게 즐겁다. 뭐, 그런 말씀이신 거죠?
페르마	그렇습니다. 수날두 씨는 제 말이 이해되십니까?
수날두	솔직히 안 됩니다. 저 같은 사람들은 학교를 졸업하려는 목적 중 하나가 수학과의 영원한 이별이거든요.
수르	저는 이해가 됩니다. 그리고 선생님처럼 취미로 수학을 공부해 보고 싶네요. 혹시 어떤 책으로 공부하셨는지 팁을 좀 주실 수 있을까요?
페르마	제가 늘 옆구리에 끼고 다니던 책이 한 권 있어요. 《산수론》입니다. 3세기경에 활동했던 그리스의 수학자 디오판토스라는 분이 쓴 책이죠.

문제적 남자의
못 말리는 문제 사랑

수르   디오판토스라면 방정식의 아버지라고 부르는 수학자
        말인가요?

페르마   잘 아시는군요. 묘비에 새겨진 방정식 문제로 유명한
        분이죠.

수날두   어! 오늘 제가 챙겨 온 교과서에 그 문제가 있었습니다.
        제가 한번 읽어 볼게요.

그는 인생의 $\frac{1}{6}$을 소년으로 살았고, 그 뒤 인생의 $\frac{1}{12}$이 지났을 때 얼굴에 수염이 나기 시작했다. 다시 인생의 $\frac{1}{7}$이 지난 뒤 아름다운 여인과 결혼했으며, 5년 후에 아들을 얻었다. 그러나 슬프게도 그의 아들은 아버지 나이의 절반밖에 살지 못했고, 그는 아들을 먼저 보낸 슬픔에 빠져 4년 동안 수학에 몰두하다가 생을 마감했다.

페르마   과연 디오판토스가 몇 살까지 살았는지 계산하실 수
        있겠습니까?

수르   디오판토스의 나이를 x라고 놓으면 될 것 같은데… 수날두
        씨가 한번 도전해 보시죠.

        피에르 드 페르마

수날두   방정식 울렁증이 다시 도지는 것 같습니다만 일단

해보겠습니다. 장황한 묘비의 문제를 식으로 바꿔서 풀면

이렇겠네요.

$$\frac{1}{6}x + \frac{1}{12}x + \frac{1}{7}x + 5 + \frac{1}{2}x + 4 = x$$

$$(\frac{1}{6} + \frac{1}{12} + \frac{1}{7} + \frac{1}{2})x + 9 = x$$

$$\frac{75}{84}x + 9 = x$$

$$\therefore x = 84$$

수르   수날두 씨, 수학 실력이 날로 좋아지는 것 같습니다.

수날두   제가 요즘 이 방송 때문에 개인 지도까지 받고 있거든요.

그런데 디오판토스라는 분은 상당히 장수하셨네요.

3세기면 평균 수명이 지금보다 훨씬 짧았을 텐데 말이죠.

수르   그러게요. 선생님께서도 저 문제를 풀어 보셨겠죠?

페르마   물론입니다. 그렇지만 저 정도 문제로 제 관심을 끌 수는

없어요. 도전하고 싶은 마음이 들 만큼 어려워야 매력을

느끼죠. 제가 《산수론》을 좋아한 이유는 책 속에 흥미로운

문제가 많았기 때문입니다.

수르   어떤 문제가 그렇게 흥미로우셨나요?

페르마   여러 가지가 있었죠. 그중에서 하나를 꼽으라고 하면 뭐니

뭐니 해도 피타고라스의 정리 아니겠습니까?

수르 너무 유명한 정리죠. 저희도 피타고라스 선생님이

출연하셨을 때 배웠는걸요. 수날두 씨도 기억나죠?

수날두 그럼요. 직각삼각형의 세 변의 길이가 a, b, c일 때,

$a^2+b^2=c^2$이 성립하잖아요. 이때 c가 빗변의 길이고요.

제가 줄줄 외울 정도면 그렇게 매력적인 문제는 아닐 것

같은데요?

페르마 그렇다면 더 매력적으로 만들어 볼까요? 먼저 $a^2+b^2=c^2$이

되는 정수들을 찾아봅시다.

수날두 피타고라스의 세 수를 찾으란 말씀이시네요. 그런 정수는

되게 많지 않나요? $3^2+4^2=5^2$, $5^2+12^2=13^2$, $7^2+24^2=25^2$,

$8^2+15^2=17^2$ …

수르 3, 4, 5나 5, 12, 13 같은 세 수는 모두 두 배, 세 배

했을 때도 여전히 피타고라스의 정리가 성립합니다.

직각삼각형의 세 변의 길이를 두 배, 세 배 하면 처음

직각삼각형과 두 배, 세 배로 닮음인 직각삼각형이

되기 때문이죠. 실제로 계산을 해봐도 알 수 있습니다.

$3^2+4^2=5^2$, $6^2+8^2=10^2$, $9^2+12^2=15^2$ …

수날두 오, 그렇다면 피타고라스의 세 수는 무한히 많겠군요.

페르마 역시 수학 방송 진행자들답습니다. 그럼 이번에는

　　　　　　　　　　　　　　피에르 드 페르마

피타고라스 정리에서 지수를 살짝 바꿔 볼까요? 아까와 마찬가지로 정수인 a, b, c 중에 $a^3+b^3=c^3$이 되는 세 수를 찾아보시죠.

수르   잠시 계산하는 시간이 필요할 할 것 같습니다.

페르마   기왕 하는 김에 정수 a, b, c 중에서 $a^4+b^4=c^4$이 되는 세 수도 찾아보시죠.

수날두   잠깐만요! 이런 식이라면 $a^5+b^5=c^5$, $a^6+b^6=c^6$이 되는 세 수도 찾으라고 하실 것 같은데요?

페르마   아예 일반화를 해서 $a^n+b^n=c^n$이 되는 세 정수 a, b, c를 찾아볼 수도 있겠죠.

수날두   왠지 느낌이 안 좋은데요. 혹시 안 되는 문제를 주고 해보라는 것 아닙니까?

페르마   허허허. 딱 들켰네요. 피타고라스의 정리를 만족하는 세 수는 무한히 많잖아요. 그런데 지수가 달라지는 순간 해가 없어집니다. $a^3+b^3=c^3$이나 $a^4+b^4=c^4$, 더 나아가 $a^n+b^n=c^n$ 같은 식은 정수 범위 안에서 해가 존재하지 않아요.

수학 난제의 최종 보스,
페르마의 정리

수르　이 문제가 바로 그 유명한 페르마의 마지막 정리군요.

페르마　맞습니다. 이 문제도 《산수론》을 읽다가 생각해 낸 거예요.
재미있지 않습니까? 문제를 아주 조금 바꿨을 뿐인데
갑자기 해가 존재하지 않게 되다니요. 그런데 저는 왜 해가
없는지 알겠더군요. 그래서 풀이를 적으려고 했는데 책의
여백이 너무 좁았어요. 그래서 이렇게 적어 놨죠. "나는 이
문제의 놀라운 증명을 알고 있다. 그런데 여백이 좁아서 쓸
수가 없다"라고 말입니다.

수날두　아이고. 정말 약 오르는 말이네요. 여백이 좁으면 다른
종이에 쓰면 되죠. '나는 증명했는데 공간이 좁아서 못
썼어. 미안!' 이게 뭡니까? 그런 식이라면 저도 이렇게 말할
수 있습니다. "나는 이번 시험 문제의 정답을 모두 알고
있지만, 답지가 부족해서 적을 수 없다."

수르　그럴듯한 변명인데요? 시험 망치고 쓰기 딱 좋겠습니다.

페르마　저는 사실을 말한 것뿐입니다. 증명을 했는데 정말
여백이 너무 좁아서 쓸 수가 없었어요. 솔직히 증명을
하고 기록을 남기는 건 수학자들의 몫이지 제가 할 일은

아니지 않습니까? 저는 짬이 날 때마다 취미로 수학을 공부하는 사람이고, 문제를 풀다가 재판하러 달려가는 날도 부지기수입니다. 그런 상황에서 언제 정리하고 언제 논문을 발표합니까?

수르 선생님의 연구가 살아 있을 때 발표되지 않은 이유가 바로 그거군요. 좌표평면도 데카르트 선생님보다 페르마 선생님이 먼저 발견했다는 말이 있습니다.

페르마 아마 제가 먼저였을 겁니다. 그런데 말씀드렸다시피 저는 연구한 내용을 한 번도 공식적인 경로를 통해 발표한 적이 없어요. 그러니 좌표평면의 발견도 데카르트의 공으로 돌아갔을 겁니다.

수날두 좌표평면 위에 이름을 남길 절호의 기회였는데 제가 다 안타깝네요.

페르마 뭐, 괜찮습니다. 저는 이미 페르마의 마지막 정리로 충분히 유명하니까요.

수르 세상에서 가장 유명한 문제 중 하나죠. 350여 년간 풀리지 않은 난제 중의 난제. 틀린 증명이 가장 많이 발표된 불명예를 갖고 있는 문제. 맞지요?

수날두 틀린 증명이 많았다는 건 그만큼 문제 풀이에 도전한 수학자가 많았다는 증거잖아요. 왜 그렇게 다들 선생님의 문제를 풀기 위해 뛰어들었던 걸까요?

페르마 글쎄요. 제 문제가 만만해 보였나 보죠. 문제 자체만 두고 보면 열 살짜리 꼬마도 이해할 수 있을 만큼 간단하니까요.

수르 그래서 정말 열 살 꼬마가 그 문제를 풀겠다고 도전장을 던졌나 봅니다.

수날두 네? 열 살 꼬마가요? 말이 됩니까?

페르마 그 친구 이름이 앤드루 와일스 맞죠? 저도 그 친구 얘기를 들었습니다. 정말 대단한 인내와 집념을 가졌더군요.

수르 와일스가 선생님의 문제를 처음 접한 곳이 동네 도서관이었다더군요. 당시 열 살 꼬마였던 와일스는 그 문제를 풀기 위해 몇 주를 끙끙거렸고 결국에는 실패했지요. 그런데 소년은 거기서 포기하지 않았습니다. 수학자가 되겠다는 꿈을 갖게 되었거든요. 선생님이 남긴 문제를 풀기 위해서 말입니다.

수날두 누구나 어린 시절에 꿈을 갖죠. 그런데 그걸 정말 이뤄 내는 사람은 많지 않잖아요. 그런 면에서 보면 정말 대단한 분 같습니다.

페르마가 만들고
와일스가 풀다

페르마 그 과정이 결코 쉽지 않았다고 들었습니다. 학교와 학회 세미나에서 종적을 감춘 채 7년 동안 증명에 매달렸다고 하더군요. 그런 결정을 내리기까지 얼마나 힘들었을지 저는 잘 압니다. 지금까지 제 문제를 증명하기 위해 평생을 바쳤지만 아무 소득 없이 사라져 간 수학자들이 많거든요. 와일스라고 해서 예외는 아닙니다. 까딱하면 증명에 실패하고 이름 없는 수학자로 생을 마감할 수도 있었거든요.

수르 수학자로서의 생명을 선생님의 문제를 증명하는 데 걸었군요. 부담이 얼마나 컸을지 감히 상상조차 되지 않습니다. 다행스럽게도 와일스는 오류를 해결하고 증명에 성공했죠.

수날두 7년 동안 단 한 문제에 매달려 결국 풀어내다니… 저는 엄두도 못 낼 일입니다.

페르마 와일스가 증명을 발표하던 장소에 수백 명이 모여들었다고 들었습니다. 그런데 그중에 와일스의 증명을 이해한 사람은 손꼽을 정도였다더군요. 들자

하니 제가 살던 시대에는 없었던 새로운 이론으로
증명했다던데요?

수르 타원 방정식과 관련된 내용을 비롯해 최신 수학 이론을
이용했다고 합니다. 논문의 양도 200쪽이 넘고, 내용도
너무 어려워서 전문 수학자조차 검증하는 데 수개월이
걸렸다고 들었습니다.

페르마 흠… 그래서 제가 여백이 좁다고 했던 겁니다.

수날두 실례지만 정말 그 문제를 증명하셨던 게 맞습니까? 선생님
시대에는 들도 보도 못한 이론을 이용한 걸 보면 당시에는
안 풀리던 문제가 아니었을까 싶은데요.

페르마 지금 저를 의심하시는 겁니까? 이래 봬도 제가 그 문제를
만든 장본인입니다. 그리고 어떤 문제에 대한 풀이는 한
가지가 아닙니다. 같은 문제를 두고도 여러 가지 방법으로
풀 수 있잖아요. 제가 분명히 책 귀퉁이에 증명을 했다고
적어 놓지 않았습니까. 그럼 한 겁니다.

수날두 그럼요. 선생님 말씀을 의심하는 건 아닙니다. 다만
선생님께서 살았던 시대와 지금의 수학에 큰 차이가 있다
보니 혹시 다른 방법으로 푸셨나 해서 여쭤본 거였습니다.

페르마 수날두 씨는 어제 점심에 뭘 드셨습니까?

수날두 어제 점심요? 글쎄요. 김치찌개를 먹었나? 된장찌개였나?

피에르 드 페르마

기억이 가물가물하네요.

페르마 거 보세요. 어제 점심에 뭘 먹었는지도 까먹는 판국에 350년 전 증명이 기억나겠습니까?

수르 듣고 보니 그러네요. 어제 푼 문제가 오늘은 안 풀리기도 하고 그러니까요.

페르마 하여간 어떤 방식이든 제가 남긴 문제가 풀려서 다행입니다. 수백 년간 수많은 사람이 도전했는데도 풀리지 않아서 저도 마음이 좋진 않았거든요. 오죽하면 수학자들 사이에서 제 문제가 '통곡의 벽'이라고 불렸겠습니까.

수르 그런 대단한 문제를 푼 사람 치고 와일스는 너무 겸손한 것 같습니다. 증명을 끝내고 나서 던진 말이 참 간단했거든요.

수날두 뭐라고 했는데요?

수르 "이쯤에서 끝내는 게 좋겠습니다"라고요.

수날두 저 같았으면 "이게 바로 그 유명한 페르마의 마지막 정리 증명입니다. 박수!"라고 했을 텐데요.

수르 기립 박수야 당연히 따라오는 거죠. 본인이 박수 치라고 하는 건 좀…

페르마 저는 그 간결한 마무리가 퍽 마음에 들더군요. 허울을

걷어 낸 본연의 순수함. 수학의 아름다움은 그런 것
아니겠습니까? 그래서 그 친구가 마음에 들었습니다.

수르 문제를 만든 사람의 마음에 들다니 그 어려운 일을
와일스가 해냈네요. 그분은 참 복 받은 분 같습니다.

페르마 복은 제 문제가 받았죠. 한 기자가 "어떻게 이 문제를
선택하게 된 겁니까?"라는 질문을 던졌는데 와일스가
이렇게 답했다더군요. "내가 문제를 선택한 게 아니라
문제가 나를 선택한 겁니다"라고요. 만약 제 문제가
선택한 사람이 증명을 못했다면 또다시 몇 세기를 미제로
남았을 테니 제 문제가 사람을 잘 알아본 거지요.

수날두 크으. 문제가 나를 선택했다. 너무 멋지잖아요.

수르 에베레스트산을 오르려면 신의 선택을 받아야 한다고들
하던데 내로라하는 수학 난제도 그런 것 같습니다.
내가 선택한 문제가 나를 선택하지 않으면 풀리지 않을
테니까요.

페르마 어려운 문제를 푸는 일은 험한 산을 오르는 일과 참
많이 닮았습니다. 시작하기 전에 기초를 탄탄히 다져야
하는 것도 그렇고, 포기하지 않기 위해 자신과의 싸움을
계속해야 하는 것도 그렇죠. 힘든 과정 속에서 순간순간
마주하게 되는 아름다움과 즐거움 그리고 결국 정상에

올랐을 때 느끼는 성취감과 넓은 시야는 물론이고요.

수르 역시 법률과 수학이라는 두 분야에 능통했던 분답게 삶에
대해서도 남다른 통찰력을 갖고 계신 것 같습니다.

페르마 그럼 우리의 인터뷰도 이쯤에서 끝내는 게 어떨까요?

수날두 좋습니다. 선생님을 만나고 싶어 하는 열혈 팬들이 지금
기다리고 있습니다.

Q&A
: 그것에 답해 드림

학원장 선생님 이름을 딴 점이 있더군요. '페르마 점'이라고
하던데 그 점에 대해 알고 싶습니다.

페르마 답을 하기 전에 저도 학원장 님께 질문을 하나 던져
보겠습니다. 만약 학원장 님이 운영하는 학원이 3개
있다고 해봅시다. 학원 A, B, C가 각각 다른 동네에 있을
때 학원장 님은 집의 위치 P를 어디로 정하고 싶으십니까?
출퇴근을 매일 해야 하니 기왕이면 집과 학원까지 왔다
갔다 하는 거리의 합이 가장 작은 곳에 얻고 싶으시겠죠?
그 지점이 바로 페르마 점입니다. 삼각형 ABC에서 세

꼭짓점과 떨어진 거리의 합 $\overline{AP}+\overline{BP}+\overline{CP}$가 최소인 점
P 말입니다. 문제는 그 점을 어떻게 찾느냐죠. 방법은
간단합니다. 먼저 삼각형의 세 변을 한 변의 길이로 갖는
정삼각형을 각각 그립니다. 그다음 정삼각형의 꼭짓점을
대변의 반대편에 있는 꼭짓점과 이어 줍니다. 그러면
선 3개가 한 점에서 만나게 되는데 그 점이 바로 페르마
점입니다. 이때 페르마 점 P와 꼭짓점 A, B, C를 각각 이어
생기는 세 각의 크기는 모두 120도입니다.

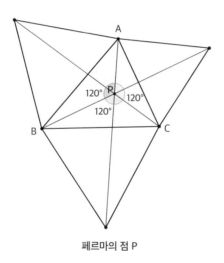

페르마의 점 P

페르마 점은 비누막 실험을 통해서도 찾을 수 있습니다.
빨대 3개로 만든 삼각형을 비눗물에 담갔다가 꺼내면
비누막이 3개 생기는데, 그 경계들이 하나의 페르마

피에르 드 페르마

점에서 만나게 됩니다. 비누막의 표면장력 덕분에 가능한 실험이죠. 같은 실험을 사각형, 오각형, 사면체로도 해볼 수 있습니다. 그러면 삼각형의 경우와는 달리 페르마 점이 여러 개일 수 있다는 사실을 확인할 수 있습니다.

페르마 점은 여러 방면에 유용하게 쓰입니다. 도로를 내거나 전선을 깔 때, 송유관을 설치할 때에도 페르마 점을 이용하면 이동 거리를 최소화할 수 있거든요. 앞선 비누막 실험을 건축에도 적용할 수 있습니다. 그러면 재료비를 아끼면서도 안정적인 구조의 건축물을 만들 수 있습니다. 실제로 독일 뮌헨에 올림픽 경기장을 지을 때 이 원리를 적용했다고 합니다.

페르미   '페르미 추정'을 제안했던 물리학자 엔리코 페르미입니다. 페씨 가문에 이렇게 훌륭한 수학자가 있다니 참으로 영광입니다. 페르마의 마지막 정리로 유명하시지만 소수 찾기 공식에도 관심이 많으셨다고 들었습니다.

페르마   소수는 알수록 재미있는 수니까요. 아시다시피 소수는 1과 자기 자신만으로 나누어떨어지잖아요. 물리학에서 어떤 물질을 나누고 또 나누다 보면 더 이상 나누어지지 않는 원자에 이르듯이 수도 마찬가지입니다. 자연수를 나누고 나누다 보면 마지막에는 소수들만의 곱으로 표현할 수 있거든요. 소인수분해를 해보면 수의 특징이 보입니다. 신기하죠? 소수를 찾기 위한 시도가 아주 오래전부터 시작되었던 이유입니다. 맨 처음 시도는 고대 그리스의 수학자 에라토스테네스가 제시했던 방식일 겁니다. 2의 배수, 3의 배수, 5의 배수 등을 체를 치듯이 순서대로 지우며 없애는 방식이죠.

2	3	4	5	6	7	8	9	10
11	12	13	14	15	16	17	18	19	20
21	22	23	24	25	26	27	28	29	30
31	32	33	34	35	36	37	38	39	40
41	42	43	44	45	46	47	48	49	50
51	52	53	54	55	56	57	58	59	60
61	62	63	64	65	66	67	68	69	70
71	72	73	74	75	76	77	78	79	80
81	82	83	84	85	86	87	88	89	90
91	92	93	94	95	96	97	98	99	100

소수를 찾는 에라토스테네스의 체

그런데 이 방법으로는 큰 소수를 찾기가 어려워요. 좀 더 빠르게 소수를 찾으려면 공식이 필요하죠. 연구 끝에 저는 다음과 같은 공식을 만들어 냈습니다.

n이 음이 아닌 정수일 때, $2^{2^n}+1$은 소수이다.

그리고 $2^{2^n}+1$을 '페르마 수'라 부르기로 했습니다. 처음엔 n이 0부터 5까지일 때, 페르마 수가 모두 소수인 줄 알았어요. 그런데 그건 제 착각이었습니다. 제 계산에 오류가 있다는 걸 수학자 오일러가 찾아냈거든요. 알고 보니 n이 5일 때의 페르마 수는 4,294,967,297인데, 이 수가 641과 6,700,417의 곱으로 소인수분해가 되더군요. 더 실망스러운 건 n이 6 이상일 때도 페르마 수가 계속해서 소인수분해가 된다는 겁니다. 다시 말해 n이 5 이상일 때, 페르마 수는 합성수라는 거지요. 아무래도 제 공식으로는 더 이상 소수를 찾을 수 없을 것 같았습니다.

하지만 보물찾기에 버금갈 만큼 재미있는 소수 찾기가 여기서 끝날 리 없겠죠? 저와 비슷한 시대를 살았던 프랑스의 수도사 마랭 메르센이 더 멋진 공식을 내놓았습니다.

n이 1보다 클 때 $2^n - 1$로 소수를 찾을 수 있다.

$2^n - 1$을 '메르센 수'라고 부르는데, 저 규칙을 이용하면 계속해서 소수를 찾을 수 있습니다. 물론 모든 메르센 수가 소수는 아니에요. 그러나 모든 자연수를 대상으로 소수냐 아니냐를 판별하는 것보다는 $2^n - 1$이 소수냐 아니냐를 판단하는 게 효율적이겠죠?

메르센 소수를 이용한 소수 찾기가 궁금하다면 메르센 사이트(www.mersenne.org)에 들어가 보세요. 지금까지 찾은 가장 큰 소수를 확인할 수 있습니다. 또 아주 큰 소수를 찾을 수 있는 네트워크에도 접속할 수 있어요. 가능하다면 소수 찾기에 도전해 볼 것을 권합니다. 혹시 누가 압니까? 당신이 새로운 소수를 발견해 큰 상금을 타는 주인공이 될지요. 유클리드가 증명을 통해 보여 주었듯이 소수의 개수는 무한합니다. 그러니 계속해서 도전하다 보면 언젠가는 유레카를 외치는 날이 올 겁니다.

정수론의 난제들

수학에서는 '증명'이 가장 중요해. 증명되지 않은 사실은 '추측'에 불과하거든. 그런데 수학에는 증명되지 않은 추측이 정말 많아. 특히 정수론이라는 분야에서 많이 볼 수 있지. 정수론은 1, 2, 3, 4, 5… 같은 정수의 성질을 연구하는 학문이야. 얼핏 생각하면 정말 단순해 보이잖아? 그런데 그 단순한 수들이 만들어 낸 문제가 수백 년간 수많은 수학자를 골탕 먹이기도 해. 350여 년 만에 풀린 페르마의 마지막 정리도 정수론에 속하는 문제였거든. 그러니까 정수론은 열 살짜리 꼬마도 세기의 난제를 만들 수 있는 분야인 거야.

그렇다면 엄청 쉬워 보이는데 도저히 풀리지 않는 난제들에는 뭐가 있을까? 한 예로 '골드바흐의 추측'을 들 수 있어. '2보다 큰 짝수는 모두 두 소수의 합으로 나타낼 수 있다'라는 추측이지. 직접 써 보면 금방 이해될 거야. 2보다 큰 짝수니까 4부터 시작해 볼까?

$$4 = 2 + 2, \quad 6 = 3 + 3, \quad 8 = 3 + 5, \quad 10 = 3 + 7 = 5 + 5,$$
$$12 = 5 + 7, \quad 14 = 7 + 7, \quad 16 = 5 + 11 \cdots$$

왠지 계속해서 쓸 수 있을 것 같잖아. 그런데 정말 큰 짝수를 상상해 봐. 그 짝수를 두 소수의 합으로 쓰려면 소수도 무척 커지겠지? 그런데 큰 소수를 찾는 일은 대단히 어려워. 결국 짝수가 커지면 두 소수의 합을 찾는 일은 점점 어려워질 수밖에 없어. 그럴 때 필요한 게 바로 수학적인 증명이야. 무한히 커지는 소수를 계속해서 찾아 쓸 수는 없는 노릇이거든. 문제는 증명이 생각만큼 쉽지 않다는 거야. 골드바흐의 추측도 300년 가까이 풀리지 않고 있어. 이쯤 되면 페르마의 마지막 정리에 버금가는 난제 같지?

소수와 관련된 미제 중에 '쌍둥이 소수 추측'이라는 것도 있어. 쌍둥이 소수는 3과 5, 5와 7, 11과 13처럼 두 값이 차이가 2인 소수 한 쌍을 말해. 수학자들은 '쌍둥이 소수가 무한히 많을 것이다'라고 추측하고 있는데 이 추측 역시 아직까지 증명되지 않았어. 이 문제들은 과연 언제 누구에 의해 풀리게 될까? 만약 골드바흐의 추측이나 쌍둥이 소수 추측을 증명하는 사람이 나타나면 그 사람은 부와 명예를 동시에 거머쥐게 될 거야. 전 세계의 내로라하는 대학에서 러브콜도 쏟아지겠지. 듣기만 해도 멋지지 않아? 이 기회에 한번 도전해서 제2의 앤드루 와일스가 되어 보는 건 어때?

블레즈 파스칼

"생각하는 갈대처럼 흔들리며 확률의 기초를 세웠죠"

- - - - - - - -

1623년 ~ 1662년

프랑스의 수학자이자 작가, 신학자, 철학자. 어린 나이에 종이접기를 이용해 삼각형 내각의 합을 증명했고, 아버지의 세금 계산을 돕기 위해 디지털 계산기를 만들어 내는 등 일찍부터 천재성을 드러냈다. "인간은 생각하는 갈대"라는 유명한 말을 남겼다.

앞서 출연했던 페르마 선생님과 편지를 주고받으며 확률에 관한
이론을 최초로 정립하신 분이죠. 자신의 이름을 딴 계산기와
삼각형을 가지고 있으며, "인간은 생각하는 갈대"라는 명언이
담긴 책《팡세》를 쓰기도 했습니다. 강력한 태풍이 몰려올 때마다
일기예보에서 수시로 거론되는 이름. 누구인지 아시겠습니까?
바로 프랑스의 수학자 파스칼 선생님입니다. 박수로
모시겠습니다.

파스칼   안녕하세요. 블레즈 파스칼입니다. 저에 대한 조사를
            많이들 하신 것 같은데, 그렇다면 제가 누울 수 있는
            침대도 준비가 되었겠죠?
수르   아! 침대는 준비하지 못했는데 혹시 어디가 편찮으십니까?
파스칼   어려서부터 몸이 좀 허약했기든요. 죽을 고비를 여러 번
            넘겼을 정도로요. 지금도 썩 좋지 않은 상태라 언제 눕고

        블레즈 파스칼

싶어질지 모르는데 어떡하죠?

수르 그렇다면 바로 준비를 해드리겠습니다. 그렇게 힘든
몸 상태로 여기까지 오셨다니… 뭐라고 감사의 말씀을
드려야 할지 모르겠습니다.

파스칼 수학 방송이라고 해서 왔습니다. 그 이유 말고는 없어요.
다른 방송이었다면 아마 바로 거절했을 겁니다.

수학에 진심이었던
허약 체질 소년

수날두 선생님을 다들 천재나 신동이라 하던데 정말 수학에
진심이셨나 보네요.

파스칼 허구한 날 누워 있으니 달리 할 게 있겠습니까? 수학을
생각하며 상상의 나래를 펴는 수밖에요. 얼마나
재미있습니까?

수날두 저는 누우면 바로 잠이 오던데 수학을 상상하신다니…
사람마다 재미를 느끼는 포인트가 참 다른 것 같습니다.

파스칼 그 재미있는 수학을 아버지는 죽어라 못하게 하셨어요.
제 몸에 무리가 갈까 봐 걱정하셨던 거죠. 저도 그 마음을
이해는 합니다. 그런데 하고 싶은 걸 못하게 하니까 너무

괴롭더군요.

수날두 저는 열 번을 죽었다 깨도 이해하지 못할 말씀을
하시는군요. 게임을 하고 싶은데 부모님이 뜯어 말려서 못
하는 괴로움과 비슷할까요?

파스칼 얼추 비슷하지 싶습니다. 하여간 아버지는 제가 혹시라도
수학을 공부할까 봐 집 안에 있는 수학책을 모조리
치우셨어요. 그런데 그거 아시죠. 하지 말라고 하면 더
하고 싶어지는 거요.

수날두 맞아요. 게임도 밤새 하게 내버려두면 하다가 지쳐서
그만두는데, 못 하게 하면 오히려 더 하고 싶어지잖아요.
그래서 몰래 하다 들키면… 휴… 뭐 그런 레퍼토리는 아주
흔하지 않습니까?

파스칼 완전 귀신이네요? 다른 점이 있다면 저는 혼나지 않았다는
사실입니다. 대신 아버지의 인정을 받아 수학을 공부할 수
있게 되었어요.

수르 특별한 계기가 있었나요?

파스칼 아마 열두 살 때였을 겁니다. 제가 도형의 성질에 대해서
한창 고민하던 시기였거든요. 그러다가 삼각형 내각의
합이 180도라는 사실을 종이접기로 알아냈어요. 엄청
어려운 증명이 아니었는데도 다들 놀라더군요. 하긴

수학을 배운 적 없는 어린애가 증명이라는 걸 혼자서
해냈으니 신기했겠죠.

수르 삼각형 내각의 합을 종이접기로 어떻게 알 수 있죠?

파스칼 방법은 간단합니다. 먼저 종이로 삼각형을 만들고 꼭짓점
A를 정합니다. 그리고 꼭짓점 A를 중심으로 대변에 수직인
선을 접어요. 그런 다음 꼭짓점 A를 대변 위에 있는 수선의
끝점과 만나도록 접습니다. 그러면 처음 접은 수선의
수직이등분선이 생깁니다. 이제 남아 있는 삼각형의
두 꼭짓점을 차례로 접어 A와 만나도록 합니다. 그러면
양옆의 삼각형들이 정확히 절반으로 접히면서 삼각형 세
내각의 합이 180도가 된다는 사실을 곧바로 확인할 수
있습니다.

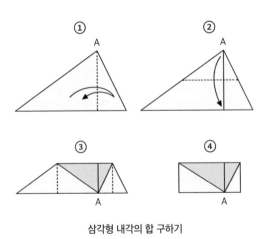

삼각형 내각의 합 구하기

수날두   열두 살이면 초등학교 5학년 아닌가요? 그 나이에 이걸

독학으로 알아내다니…

파스칼   더 간단한 방법도 있습니다. 삼각형 하나를 만든 다음 세

각을 오려서 하나의 꼭짓점에 모아 보는 방법이죠. 그럼 세

내각의 합을 바로 확인할 수 있습니다.

수르   삼각형 내각의 합으로 선생님의 천재성이 증명된

셈이네요. 그 후로 수학을 마음껏 공부할 수 있게 된 거죠?

파스칼   네. 그때 일을 계기로 아버지가 마음을 바꾸셨어요. 저에게

유클리드의 《원론》을 읽게 해주셨거든요. 그제야 저는

비로소 수학에 대한 갈증을 해소할 수 있었습니다.

수날두   크으. 우리 유클리드 선생님의 책은 그때나 지금이나

최고의 교과서였군요.

도박 문제를 풀려고
확률의 기초를 세우다

파스칼   수학을 본격적으로 공부하고 난 후부터는 아버지도

저를 적극적으로 도와주셨어요. 열네 살이 되던 해부터

아버지와 함께 수학자 모임에도 참석했으니까요. 덕분에

열여섯 살 때는 원뿔곡선에 관한 논문도 발표했습니다.

수날두   열여섯 살이면 중학교 3학년인데…? 그때 논문을 발표할

           정도면 진짜 천재, 아니 만재라고 해야 할까요?

파스칼   과찬의 말씀 감사합니다. 그런데 제가 논문을 발표했을

           때만 해도 아무도 제가 쓴 거라는 걸 믿지 않았어요.

           아버지가 대신 쓴 거 아니냐는 오해까지 샀는걸요.

수르   그렇게 어린 나이에 논문을 발표하는 사람을 못 봤을

           테니까요. 어쨌거나 지금은 손꼽히는 수학 천재의 반열에

           오르셨으니 너무 억울해하지 않으셔도 될 것 같습니다.

           게다가 확률 하면 바로 선생님의 이름을 떠올릴 만큼 수학

           역사에 큰 업적을 남기지 않으셨습니까?

파스칼   확률이 이렇게까지 전문적인 수학의 분야가 될 줄은

           몰랐습니다. 저는 그저 제 친구가 한 질문에 답을 찾고

           싶었을 뿐이거든요.

수날두   친구가 무슨 질문을 했는데요?

파스칼   도박에 관한 문제였어요. 그 친구가 도박사였거든요.

수날두   아니, 매일 침대에 누워 계셨던 분이 도박하는 친구는 언제

           사귀셨대요?

파스칼   제가 한때 사교계에 발을 들인 적이 있습니다. 제 건강을

           위해 의사가 내린 처방이었거든요. 매일 방구석에 누워

           있는 것보다 사람들을 만나 움직이는 게 몸과 마음의

건강에 좋으니까요.

수르   맞는 말씀이네요. 그 도박 문제는 뭐였나요?

파스칼   한번 같이 고민해 볼까요? 문제가 발생한 상황은
이렇습니다. 실력이 같은 두 사람 A, B가 판돈을 걸고
게임을 합니다. 일곱 판 중에서 네 판을 이기는 사람이
판돈을 가져가는 게임이죠. 그런데 A가 3:1로 이기고 있는
상황에서 갑자기 게임이 중단됩니다. 게임을 계속할 수
없는 상황이 된 거예요. 그럴 때 판돈을 어떻게 나눠 줘야
공정할까요? 쉬운 계산을 위해 판돈을 100만 원이라고
합시다.

수날두   네 판을 먼저 이기면 100만 원을 가져간다는 거죠? 그럼
그 돈은 A한테 줘야겠네요. 경기가 멈췄을 때 3:1로
이기고 있었으니까요.

수르   아니죠. 경기를 계속했을 때 B가 역전할 가능성도 있지
않습니까. 앞일은 모르는 거거든요. 그러니까 판돈을
A에게 모두 주는 건 아니라고 봅니다.

수날두   그렇다면 현재 점수와 동일하게 돈을 3:1로 나눠 주면
어떨까요?

수르   그것도 좋은 방법은 아닌 것 같습니다. 그런 논리라면 두
사람의 점수가 1:0일 때도 모든 판돈을 A한테 줘야 한다는

    블레즈 파스칼

거잖아요. 네 판을 다 이기려면 아직 멀었는데 B는 겨우 한 번의 패배로 모든 돈을 뺏기게 됩니다.

수날두   어휴. 그럼 그냥 돈을 똑같이 나눠 주고 끝냅시다. 게임을 아예 안 한 걸로 생각하고요.

수르   그럼 또 A가 가만히 안 있겠죠. 한 판만 더 이기면 100만 원을 다 가져갈 수 있는 입장이니까요. 그러니 돈을 조금이라도 더 받고 싶어 할 겁니다.

수날두   정말 머리가 깨질 것 같네요. 선생님, 도대체 이 문제를 어떻게 해결해야 하나요?

파스칼   이 문제를 처음 받았을 때 저도 머리가 아팠습니다. 그래서 페르마에게 편지를 보낸 거예요. 똑똑한 사람과 머리를 모아야 할 것 같아서요. 전화나 메일이 없던 시대니 저는 편지를 계속 주고받으며 해법을 찾아 나갔습니다.

수날두   그래서 정답이 뭔가요?

파스칼   정답부터 말씀드리자면 A에게는 75만 원, B에게는 25만 원을 줘야 합니다. 100만 원을 3:1의 비율로 나눠 주는 거죠.

수르   현재 점수가 3:1이라서 그렇게 주는 건가요?

파스칼   그건 아니에요. 가상 게임을 펼친 후에 나온 결과거든요.

수르   가상 게임이요?

164

파스칼 게임을 계속한다고 가정했을 때 있을 수 있는 모든
가능성을 따져 보는 겁니다. 이해를 돕기 위해 그림을 좀
그려 볼까요?

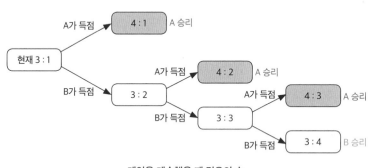

게임을 계속했을 때 경우의 수

수르 두 사람의 실력이 같다는 조건 때문에 이기고 지는 경우를
동일하게 나누셨군요.

파스칼 그렇습니다. 그러면 A가 네 번 중에 세 번 이긴다는 결론에
다다릅니다. 거꾸로 B는 네 번 중에 한 번밖에 이길 수
없고요. 그러니 A와 B의 상금은 전체의 $\frac{3}{4}$과 $\frac{1}{4}$로 나누는
것이 맞습니다.

수날두 오! 확률이 도박에서 생겨난 것도 신기하지만, 미래에
일어날 일의 가능성을 저렇게 숫자로 정확히 나타낼 수
있다는 게 정말 놀랍네요.

165

자, 이제 수학자의
확률 게임을 시작하지

파스칼 수학에서 확률은 아래와 같이 정의합니다. 일어날
가능성이 전혀 없는 경우의 확률은 0이고, 반드시 일어날
경우의 확률은 1이죠. 따라서 확률은 보통 0과 1 사이의
숫자로 나타납니다.

$$\text{사건 A가 일어날 가능성 } P = \frac{(\text{사건 A가 일어나는 경우의 수})}{(\text{모든 경우의 수})} = \frac{a}{n}$$

수르 예를 들어 빨간색 공만 5개 들어 있는 주머니에서 공을
1개 꺼낸다고 할 때 파란색 공이 나올 확률은 0, 빨간색
공이 나올 확률은 1이라는 말씀이시죠?

파스칼 그렇습니다. 예를 조금 바꿔 볼까요? 빨간색 공 3개,
파란색 공 2개가 주머니 속에 있다고 해봅시다. 거기서
공을 1개 꺼낼 때 빨간색 공이 나올 확률은 얼마일까요?

수날두 공은 전부 5개이고, 그중에 빨간색 공이 3개니까 확률은 $\frac{3}{5}$
이 되겠네요.

파스칼 그럼 파란색 공이 나올 확률은요?

수날두 당연히 $\frac{2}{5}$가 되죠. 공 5개 중에 빨간색 공 3개를 뺀 나머지 2개가 파란색 공이거든요.

파스칼 방금 수날두 씨가 한 말을 식으로 써보면 이렇습니다.

$$\frac{\text{(전체 공의 개수)}-\text{(빨간색 공의 개수)}}{\text{전체 공의 개수}} = \frac{5-3}{5} = 1-\frac{3}{5} = \frac{2}{5}$$

따라서 파란색 공이 뽑힐 확률 $\frac{2}{5}$는 일어날 수 있는 모든 경우의 확률 1에서 빨간색 공이 뽑힐 확률 $\frac{3}{5}$을 뺀 것과 같습니다. 이런 계산을 '여사건의 확률'이라고 하지요.

수날두 아하! 확률 계산이 그렇게 어렵진 않군요.

파스칼 그럼 조금 복잡한 계산에 도전해 볼까요? 혹시 다들 복권 사십니까?

수르 저는 사지 않습니다. 1등에 당첨될 확률이 번개에 세 번 맞을 확률과 비슷하다고 들었거든요. 그렇게 확률이 낮은데 복권을 왜 삽니까? 저는 그 돈으로 차라리 떡볶이를 사 먹는 게 현명하다고 생각합니다.

수날두 저는 매주 잊지 않고 로또를 삽니다. 확률이 아무리 낮아도 누군가는 당첨이 되잖아요. 혹시 또 압니까? 당첨자가 제가 될지! 그러니까 수르 씨, 저한테 미리 잘 보이는 게

167

좋을 겁니다. 제가 당첨되면 떡볶이 백 그릇 쏘겠습니다.

수르　수날두 씨, 그 약속 꼭 지키십시오. 그럼 정말 로또에
당첨될 가능성이 얼마일지 궁금해지는데요?

로또 1등에 당첨될
확률을 구하시오

파스칼　먼저 로또 1등에 당첨되는 원리를 알아야 합니다. 로또는
1부터 45까지의 숫자 중에 당첨 숫자를 6개 맞혀야
1등이 됩니다. 이때 숫자의 순서는 상관없어요. 번호만
맞으면 되거든요. 정리하면 1등에 당첨될 확률은 이렇게
되겠네요.

$$\text{1등에 당첨될 확률 } P = \frac{1}{\text{숫자 45개 중 6개를 뽑는 경우의 수}}$$

수르　숫자 45개 중에 6개를 뽑는 경우의 수를 구하는 게 좀
어려워 보이네요.

파스칼　문제를 좀 간단히 해볼까요? 1부터 5까지 숫자 5개 중에서
3개를 뽑는 경우로 생각해 봅시다. 만약 뽑힌 숫자 3개로

세 자리 자연수를 만든다면 모든 경우의 수는 5×4×3=60이 됩니다. 그런데 지금은 순서를 무시하고 3개를 뽑는 경우이기 때문에 모든 경우의 수를 3×2×1=6으로 나눠 줘야겠죠. 결국 숫자 5개 중에 3개를 순서 없이 뽑는 경우의 수는 $\frac{60}{6}$ =10이 됩니다.

숫자 5개 중에 3개를 뽑는 경우

수날두 잠깐만요! 숫자 5개로 세 자리 자연수를 만드는 경우가 60인 건 알겠습니다. 그런데 왜 그 수를 6으로 나누죠?

파스칼 예를 들어 뽑힌 숫자가 1, 2, 3이라고 해봅시다. 만약 세 자리 자연수에서처럼 순서가 있다면 나열할 수 있는 모든 경우의 수는 6이 되겠죠? 숫자 3개로 세 자리 수를 만드는 경우는 3×2×1이니까요. 그런데 아까도 말했다시피 로또 당첨 숫자에는 순서가 없습니다. 그러니까 여섯 가지 경우는 모두 한 가지 경우로 보고, 모든 경우의 수를 6으로 나눠 줘야겠죠.

169

1, 2, 3	=	1, 3, 2	=	2, 1, 3
‖				‖
2, 3, 1	=	3, 1, 2	=	3, 2, 1

모두 같은 여섯 가지 경우

수날두 오! 이해했어요. 그렇다면 숫자 5개 중에 4개를 순서 없이 뽑을 경우의 수는 이렇게 계산되겠네요.

$$\frac{5 \times 4 \times 3 \times 2}{4 \times 3 \times 2 \times 1} = 5$$

파스칼 숫자의 개수를 늘려도 계산이 가능하겠네요. 숫자 45개 중에 6개를 순서 없이 뽑을 때, 모든 경우의 수는 어떻게 될까요?

수날두 제가 해보겠습니다. 분자는 45부터 순서대로 숫자 6개를 곱하고, 분모는 6부터 1까지 모든 자연수를 곱하면 되니까

$$\frac{45 \times 44 \times 43 \times 42 \times 41 \times 40}{6 \times 5 \times 4 \times 3 \times 2 \times 1}$$ 맞죠?

수르 제가 계산기를 두드려 보니 결과가 8,145,060이네요. 그렇다면 로또 1등에 당첨될 확률은 대략 800만분의 1인가요?

파스칼 네. 맞습니다. 로또 종이 한 장에 다섯 줄의 기회가 있지 않습니까? 수날두 씨가 로또를 일주일에 한 장씩 산다고 했는데, 이론상 로또에 당첨되려면 대략 3만 년 동안

로또를 사셔야 합니다.

수날두 제가 암모나이트도 아닌데 어떻게 3만 년을 삽니까?
차라리 한 번에 더 많은 로또를 사는 게 낫겠네요.

파스칼 그래도 확률은 크게 올라가지 않습니다. 로또 20장을
한꺼번에 사도 당첨 확률은 겨우 8만분의 1 정도거든요.
만약 수날두 씨가 앞으로 60년 동안 로또를 매주
산다고 해도 2,600장 정도를 사야 겨우 한 번 당첨될까
말까입니다.

수날두 아예 모든 경우의 로또 복권을 사버려야겠네요. 그러면
반드시 당첨이 될 거 아닙니까?

수르 당첨은 당연히 되겠죠. 문제는 복권을 사는 비용이 80억
원을 넘는다는 겁니다.

수날두 결국 로또는 사기네요. 어떻게 해도 사는 사람이 돈을 잃게
되잖아요.

파스칼 사기라기보다 확률 게임이죠. 행운의 여신이 과연 나의
손을 들어 줄 것인가를 시험하는 거니까요. 다른 사람은
잃어도 나는 돈을 딸 것이라는 기대와 환상, 일확천금의
꿈을 가진 사람들이 카지노의 도시 라스베이거스로
몰려가는 거 아닙니까.

수르 이 대목에서 수날두 씨에게 다시 묻고 싶네요. 확률이

800만분의 1인 것을 아는데도 로또를 계속 사겠습니까?

수날두 음… 네. 저는 계속 살 것 같습니다. 월요일 아침에 복권 한 장을 사서 가슴에 품는 순간 일주일이 행복해지거든요. 나에게도 새로운 인생이 펼쳐질 수 있다는 희망을 품고 또 한 주를 열심히 살게 되니까요. 복권 기금이 사회 복지를 위해서도 쓰인다고 들었습니다. 그러니 당첨이 안 되더라도 사회에 아주 조금은 기여를 했다고 생각하면 마음이 편해집니다.

수르 오, 긍정적인 생각 멋집니다.

파스칼 확률은 가능성에 대한 예측일 뿐입니다. 아무도 결과를 장담할 수는 없어요. 확률이 아무리 작아도 0이 아닌 이상 일어날 가능성은 언제든 있는 겁니다.

수날두 희망찬 말씀 감사합니다. 그리고 혹시 오해하실까 봐 드리는 말씀인데, 로또 말고 다른 도박은 절대 하지 않습니다. 도박이 정말 위험하다는 걸 모를 정도로 바보는 아니거든요.

파스칼 맞습니다. 도박처럼 이길 확률이 적은 게임은 하면 할수록 돈을 잃을 가능성이 커져요. 도박장을 운영하는 사람들은 계산에 아주 밝은 사람들이에요. 수학 계산을 통해 모든 도박에서 승리를 보장받고 있거든요. 도박장에서 돈을 딸

수 있는 유일한 방법은 도박장을 소유하는 것뿐입니다.

수날두 저희가 그 정도의 경제력은 되지 않잖아요. 그러니 로또 당첨처럼 작은 희망을 품은 소시민으로 살아야 할 것 같습니다.

수르 장시간 토크로 피곤하실 텐데 잠시 침대에 누웠다가 팬들을 만나 보실까요?

Q&A
: 그것에 답해 드림

머피 친구 억울한 일이 있어서 찾아왔습니다. 제가 친구 4명과 음료수 내기를 했거든요. 쪽지 5개 중 하나에만 '꽝'이라고 쓰고 통에 넣은 뒤 1개씩 뽑는 방식이었어요. 그런데 하필 제가 맨 나중에 뽑는 바람에 꽝에 걸린 거예요. 친구들은 언제 뽑아도 확률이 같다고 주장하는데 저는 아닌 것 같거든요. 수학적으로 해명 좀 해주세요.

파스칼 뽑기 순서에 따라 확률이 달라지는지 아니면 똑같은지가 궁금한 거지요? 그렇다면 꽝을 맨 처음 뽑는 경우부터 맨 나중에 뽑는 경우까지 일어날 확률을 모두 계산해 보면

173

되겠네요. 이때 한 번 뽑힌 종이는 다시 넣지 않는다는 조건을 걸겠습니다. 그럼 계산을 시작해 볼까요? 먼저 첫 번째 사람은 쪽지 5개 중 1개를 뽑지만, 그다음 사람들은 뽑힌 쪽지를 뺀 나머지에서 1개를 뽑는다는 걸 기억합시다.

첫 번째에 꽝이 뽑힐 확률 $= \dfrac{1}{5}$

두 번째에 꽝이 뽑힐 확률 $= \dfrac{4}{5} \times \dfrac{1}{4} = \dfrac{1}{5}$

세 번째에 꽝이 뽑힐 확률 $= \dfrac{4}{5} \times \dfrac{3}{4} \times \dfrac{1}{3} = \dfrac{1}{5}$

네 번째에 꽝이 뽑힐 확률 $= \dfrac{4}{5} \times \dfrac{3}{4} \times \dfrac{2}{3} \times \dfrac{1}{2} = \dfrac{1}{5}$

다섯 번째에 꽝이 뽑힐 확률 $= \dfrac{4}{5} \times \dfrac{3}{4} \times \dfrac{2}{3} \times \dfrac{1}{2} \times \dfrac{1}{1} = \dfrac{1}{5}$

계산해 보니 친구들 말이 맞는데요? 맨 처음에 뽑든, 중간에 뽑든, 마지막에 뽑든 꽝이 나올 확률은 같으니까요. 그러니까 너무 억울해하지 마시길 바랍니다.

치통 환자 선생님께서 치통을 잊기 위해 사이클로이드 곡선을 연구했다는 이야기를 들었습니다. 저도 사이클로이드 곡선에 대해 알고 싶은데 한 수 가르쳐 주시겠습니까?

파스칼 자전거 바퀴에 껌이 붙었다고 생각해 봅시다. 그러면
자전거 바퀴가 굴러갈 때 껌도 함께 어떤 곡선을 그리면서
굴러가겠죠? 이때 껌이 굴러가며 그리는 곡선의 궤적,
그게 바로 사이클로이드입니다.

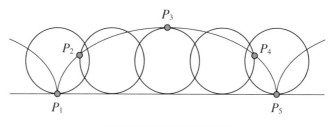

자전거 바퀴에 붙은 껌(P)의 궤적

사이클로이드 곡선에는 재미있는 성질이 많아요.
극심한 치통도 잊게 할 만큼 말입니다. 말이 나온 김에
사이클로이드 곡선의 대표적인 성질을 두 가지 정도만
알아보고 갈까요?
먼저 저 곡선을 거꾸로 뒤집어 보죠. 그럼 약간 둥글넓적한
그릇처럼 보이잖아요. 저런 모양의 그릇을 실제로 만든
뒤 한쪽 끝에서 구슬을 굴리면, 어느 지점에서 시작하든
바닥의 중앙까지 다다르는 시간이 같습니다. 줄에 매달린
추가 양 끝점 사이를 왔다 갔다 하며 일정하게 움직일 때,
시작하는 지점과 상관없이 1회 왕복하는 데 걸리는 시간이

동일한 것처럼 말입니다.

또 사이클로이드 곡선은 두 점 사이의 구간을 잇는
최단 강하 곡선이기도 합니다. 다시 말해 어떤 경사면이
직선이나 포물선일 때보다 사이클로이드 곡선으로
만들어졌을 때, 가장 빨리 내려올 수 있다는 겁니다.
신기하죠? 먹이를 잡으려는 독수리의 하강이나 빗물이
빨리 흘러내리는 한옥 지붕면을 자세히 보면 그 속에
사이클로이드 곡선의 원리가 은근히 스며 있다는 사실을
발견할 수 있습니다.

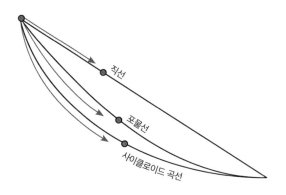

직선, 포물선, 사이클로이드 곡선

신비가 가득한 파스칼의 삼각형

파스칼이 언제 세상을 떠났는지 알아? 39세였던 1662년이야. '수학의 신동'이라 불렸던 그에게 '요절한 천재'라는 또 다른 수식어가 붙은 이유지. 아무리 지금보다 기대 수명이 짧은 시대였다 하더라도 한 세기를 빛낸 위대한 천재를 떠나보내기에는 너무 이른 나이인 것 같아. 그런데 40년도 채 안 되는 시간 동안 그가 이뤄 낸 업적을 되짚어 보면 정말 놀라워. 앞서 살펴봤듯이 페르마와 함께 확률이론을 정립했고, 인류의 오랜 연구 대상이던 사이클로이드 곡선의 성질을 단 8일 만에 밝혀냈거든. 또 파스칼린이라는 기계식 계산기의 발명, 진공 실험을 통한 기압 측정 등 수학과 과학을 넘나들며 천재성을 보여 줬어. 그런데 그거 알아? 기압의 단위인 헥토파스칼처럼 삼각형 중에도 파스칼의 이름이 붙은 게 있어. 바로 '파스칼의 삼각형'이야. 지금부터 그 삼각형에 대해 알아보자.

파스칼의 삼각형은 다음과 같은 규칙으로 그릴 수 있어. ① 첫 번째 줄 가운데에 숫자 1을 쓴다. ② 한 줄씩 내려가면서 대칭인 삼각형 형태가 되도록 숫자를 하나씩 늘려 가며 쓴다. ③ 각 줄의 양 끝에

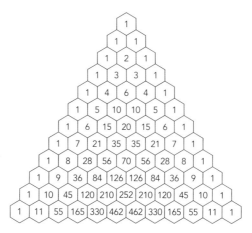

파스칼의 삼각형

는 숫자 1을 적고, 이웃한 두 숫자의 합을 바로 다음 줄 아래에 쓴다.

이렇게 만든 파스칼의 삼각형에는 신기한 성질이 많아. 그중 몇 가지만 같이 살펴보자. 먼저 파스칼의 삼각형을 이루는 숫자 중 홀수에 색을 칠해 봐. 그러면 '시어핀스키 삼각형'이라는 도형이 돼. 5의 배수를 색칠하면 거꾸로 색칠한 삼각형이 나타나지. 또 1에서부터 삼각형의 두 변과 같은 기울기인 경사로를 따라가면서 숫자들을 더하면 바로 다음 줄로 꺾인 부분의 숫자와 같아져. 예를 들어 $1+3+6+10=20$, $1+7+28+84=120$이 되거든. 그런데 방금 더한 숫자와 그 결과를 색칠하면 모양이 꼭 하키스틱처럼 나타나. 그래서 이런 규칙을 '하키스틱 패턴'이라고 불러. 이 외에도 비스듬히

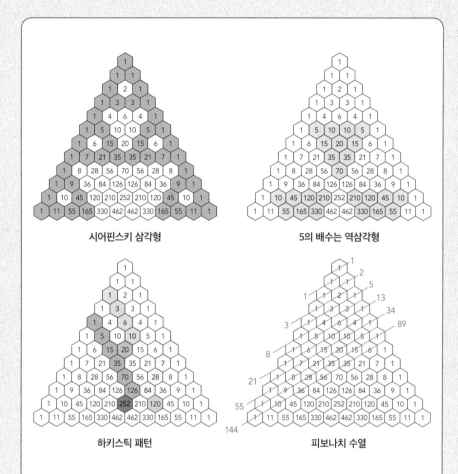

시어핀스키 삼각형

5의 배수는 역삼각형

하키스틱 패턴

피보나치 수열

더한 숫자들의 합이 피보나치 수열인 것도 확인할 수 있어.

단순해 보이는 삼각형에 이렇게 많은 성질이 있다는 게 놀랍지? 그런데 이게 끝이 아니야. 새로운 성질을 더 찾을 수 있거든. 지금 바로 펜을 들고 도전해 봐. 어쩌면 지금껏 아무도 몰랐던 규칙을 찾아낼지도 몰라!

게오르크 칸토어

"무한이라는 신의 정원을
저와 걸어 보실까요?"

- - - - - - - -

1845년 ~ 1918년

독일의 수학자. 집합론이라는 새로운 분야를 창시했다. "수학의 본질은 자유로움에 있다"라는 그의 말처럼 무한한 수의 세계를 자유롭게 연구했다. 그리고 자연수와 정수, 유리수를 넘어 실수 집합 사이의 크기 관계를 수학적으로 명확히 보여 주었다.

이번 방송의 마침표를 찍어 주실 분이죠. 유한에 갇혀 있던
인간의 사고에 새 지평을 열어 준 수학자입니다. 신의 영역이라고
여겨지던 무한에 과감히 첫발을 내딛음으로써 당대 수학계를
발칵 뒤집은 이단아! '죽음의 역병'이라는 오명에도 굴하지 않고
새로운 분야를 창시해 수의 세계를 넓힌 집합론의 아버지!
칸토어 선생님을 모시겠습니다.

칸토어   안녕하십니까? 독일에서 온 수학자 게오르크 칸토어입니다.
제 이름을 처음 듣는 분도 계실 텐데 학창 시절 배웠던
집합 단원이 바로 제 연구 분야입니다.

수르   예전에는 집합을 중학교에서 배웠는데, 요즘에는
고등학교 과정에 나오더라고요. 그래서 중학생들에게는
선생님 성함이 낯설 것 같습니다.

칸토어   그렇군요. 그래도 수에 대해서는 배우지 않습니까?

자연수, 정수, 유리수, 무리수 말입니다. 이러한 수의
성질을 밝혀낸 것도 접니다. 그 과정에서 필요한 것이 바로
집합의 개념이거든요.

수날두　수에 무슨 성질이 있나요? 그런 걸 몰라도 계산만 잘하면
되는 것 아닙니까?

칸토어　수의 가장 큰 기능이 계산이라는 건 모두가 동의할 겁니다.
저 역시 그렇고요. 그런데 수의 성질을 모르고 제대로
된 계산을 할 수는 없어요. 간단한 계산이야 상관없지만
무한이라는 개념이 들어가면 역설적인 상황에 부딪히게
되거든요.

수날두　무한이 들어가는 계산은 뭐고 역설적인 상황은 또 뭔가요?
시작부터 너무 어려운 말씀을 하시네요.

1보다 작지만
가장 큰 수

칸토어　쉬운 질문을 하나 던져 보겠습니다. 1보다 작은 수 중에서
가장 큰 수는 뭘까요? 한번 찾아보시죠.

수르　분수보다는 소수로 접근해야 할 것 같은데요? 1보다
작다고 하셨으니까 일의 자리에는 0, 소수점 밑으로는 9를

쓰면 되겠네요.

수날두   0.999 같은 소수 말이죠? 그런데 0.999 뒤에 9가 하나 더

붙으면 0.9999가 되고, 이 수는 0.999보다 0.0009만큼 더

큰 소수가 되잖아요. 마찬가지로 0.9999 뒤에 9를 하나 더

붙이면 0.00009만큼 더 큰 수가 되고요. 그런 식이라면 9를

계속 덧붙이면서 더 크게 만들 수도 있겠는데요?

칸토어   그래서 1보다 작으면서 가장 큰 수는 뭡니까?

수날두   0.9999…겠네요. 소수점 아래로 9가 무한히 반복되는

소수요.

수르   그런데 그 수는 1 아닙니까? $x = 0.999999\cdots$ 라고 하면 x가

1이라는 걸 방정식으로 보여 줄 수 있거든요.

$$
\begin{aligned}
10x &= 9.999999\cdots \\
-\quad x &= 0.999999\cdots \\
\hline
9x &= 9
\end{aligned}
$$

따라서 $x = 1$이 되죠.

수날두   저런 식을 중학교 때 배운 것 같긴 하네요. 그런데 아무리

생각해도 상식적으로는 이해가 안 됩니다. 1과 0.9999…는

분명 다른 수 같거든요. 미묘하더라도 차이가 분명 있지

않을까요?

칸토어 그 말은 1과 0.9999… 사이에 다른 수를 넣을 수 있다는 거죠? 만약 있다면 찾아보시죠. 그럼 저도 수날두 씨의 답을 인정하겠습니다.

수날두 1과 0.9999…의 차이를 알려면 직접 빼봐야 하겠죠. 그런데 1 - 0.9999…를 계산해 보니 0.0000…이 되더라고요. 이건 차이가 없다는 말인데…

칸토어 말씀하신 것처럼 두 수 사이에는 차이가 없습니다. 두 수는 같은 수니까요. 결국 1보다 작으면서 가장 큰 수는 없는 거예요. 이상하죠? 이런 게 바로 수에서 나타나는 역설입니다. 얼핏 보기에는 분명 차이가 있을 것 같지만 막상 따져 보면 없는 상황. 이런 상황이 발생한 이유는 딱 하나예요. 수 안에 무한이 있기 때문입니다.

아킬레우스와 거북이가 달리기 시합을 하면?

수르 선생님이 살던 시대에는 무한을 신의 영역으로 여겼다는 말을 들었습니다.

칸토어 인간이 이해하기에는 너무 어려운 영역이었거든요. 일찍이 고대 그리스의 대학자 제논이 최초의 무한 문제인

'아킬레우스와 거북이'라는 역설을 제시했습니다. 하지만 어느 누구도 명쾌한 설명을 하지 못했어요. 무한의 속성을 몰랐으니까요.

수날두   아킬레우스와 거북이요?

칸토어   처음 들어 보시나요? 그럼 설명드리죠. 아킬레우스는 그리스 신화에 나오는 영웅으로 발이 몹시 빨랐다고 합니다. 그런 아킬레우스가 거북이와 달리기 시합을 합니다. 과연 누가 이길까요?

수날두   그걸 질문이라고 하십니까? 당연히 아킬레우스가 이기죠. 제가 달리기 시합을 해도 당연히 거북이는 이길 거예요. 세상에 달리기로 거북이한테 질 사람은 없으니까요.

칸토어   제논의 주장은 달랐어요. 아킬레우스는 거북이를 절대로 따라잡을 수 없다고 했죠.

수르   어떻게 그럴 수가 있죠?

칸토어   지금부터 제논의 논리를 말씀드릴 테니 어디에 문제가 있는지 찾아보세요. 먼저 둘의 출발선이 같다면 승부가 너무 뻔하잖아요. 그래서 거북이를 아킬레우스보다 100미터 앞에서 출발시킵니다. 달리기가 시작되고 어느 정도 시간이 지나면 아킬레우스는 거북이가 출발했던 지점, 그러니까 100미터 앞에 다다르겠죠? 그런데 그사이

거북이도 조금은 앞으로 나아갔을 겁니다. 그 거리를
10미터라고 해봅시다. 달리기를 계속하면 아킬레우스는
다시 10미터 앞에 다다를 겁니다. 그런데 그사이 거북이도
조금 더 앞으로 갔겠죠. 이런 식으로 아킬레우스가
거북이가 있는 지점에 도착하고 거북이가 또 앞으로
가고를 반복하면 아킬레우스는 거북이를 영원히 따라잡을
수 없다는 얘기입니다.

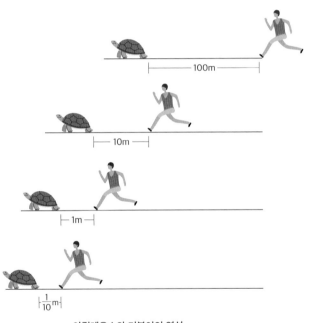

아킬레우스와 거북이의 역설

수날두　왠지 묘하게 설득되네요. 분명 틀린 말인데 어디가 잘못된

건지 도통 못 찾겠어요.

수르   그러게요. 시간의 개념이 빠져서 그런가요?

칸토어   이 문제의 핵심은 무한의 합입니다. 흔히들 무한 하면
          그냥 무한히 커지거나 작아지는 정도만 생각하거든요. 그
          실체를 들여다보고 계산하려는 시도는 하지 않습니다.

수날두   무한을 계산한다고요? 저는 8을 눕혀 놓은 듯한 무한대
          기호 ∞만 쓰고 끝냈던 것 같은데요.

칸토어   계산이 가능한 무한도 있습니다. 아킬레우스와 거북이
          이야기에서도 아킬레우스가 달린 거리를 모두 합하면
          하나의 수로 나타낼 수 있거든요. 아킬레우스가 100미터
          달리는 동안 거북이가 10미터를 달린다고 했으니까
          아킬레우스가 달리는 거리는 $\frac{1}{10}$ 씩 짧아진다고 생각할 수
          있습니다. 그럼 거리의 합은 이렇게 되겠죠.

$$100 + 100 \times \frac{1}{10} + 100 \times \left(\frac{1}{10}\right)^2 + \cdots$$

수날두   어이쿠! 무슨 식이 이렇게 복잡합니까?

수르   저 식은 첫 번째 항이 100이고, 계속해서 $\frac{1}{10}$ 씩 작아지는
          항들을 무한히 더한 겁니다. 더하기 전의 항들을 차례대로

게오르크 칸토어

써보면 이렇게 되겠네요.

$$100, \ 100 \times \frac{1}{10}, \ 100 \times \left(\frac{1}{10}\right)^2, \ \cdots$$

수날두   100부터 시작해서 같은 비율로 줄어들고 있군요.

수르   저런 수열을 '등비수열'이라고 합니다. 문제는 저 수들을 모두 더해야 한다는 거죠.

수날두   무한히 작아지는 수들을 다 더한다고요? 어떻게요?

수르   처음 항이 100이고 일정하게 줄어드는 비율, 다시 말해 공비가 $\frac{1}{10}$ 인 등비수열이니까 이렇게 더할 수 있습니다.

$$100 + 100 \times \frac{1}{10} + 100 \times \left(\frac{1}{10}\right)^2 + \cdots = \frac{100}{1 - \frac{1}{10}} = \frac{1000}{9}$$

칸토어   수르 씨는 고등학교 때 공부를 잘하셨다고 하더니 계산도 곧잘 하시네요. 수르 씨 계산에서 보셨다시피 100부터 시작해 $\frac{1}{10}$ 씩 줄어드는 수를 무한히 더하면 $\frac{1000}{9}$ 이라는 수가 나옵니다. 무한의 합이 유한이 되는 거지요.

수날두   무한이 유한에 갇힌 셈이네요. 정말 신기한데요?

190

칸토어 만약 아킬레우스가 1초에 1미터를 간다고 하면

이 계산은 거리가 아니라 시간에 대한 계산이 됩니다.

$\frac{1000}{9}$ = 111.111⋯초가 되지요. 다시 말해 약 1분 52초

후에는 아킬레우스가 거북이를 따라잡는다는 말입니다.

수날두 시간으로 설명해 주시니 확 와닿네요.

죽음의 역병에서
수학자들의 낙원으로

수르 그런데 아까 이 문제를 명쾌하게 설명한 사람이 없었다고

하셨잖아요. 혹시 선생님께서 이 문제의 해법을 제시한

겁니까?

칸토어 아, 물론 저 혼자 한 것은 아닙니다. 저의 스승인 카를

바이어슈트라스와 제 친구인 리하르트 데데킨트도 무한을

연구했으니까요. 중요한 건 무한의 실체가 밝혀지면서

오랜 세월 수학자들을 괴롭혀 온 문제가 상당 부분

해결되었다는 겁니다.

수날두 검색을 해보니 제논은 기원전 450년경에 살던 사람인데요.

그럼 아까 그 역설 문제가 거의 2,000년 만에 풀린 건가요?

칸토어 그렇다고 볼 수 있습니다.

게오르크 칸토어

수르　저는 두 가지 지점이 놀랍네요. 하나는 기원전부터 무한
　　　문제가 나왔던 점이고, 또 하나는 문제를 해결하는 데 무려
　　　2,000년이라는 시간이 걸렸다는 점입니다.

수날두　역설 문제를 풀기 위해 똑똑한 수학자들이 수없이
　　　뛰어들었을 텐데 해결의 실마리가 보이지 않아서 얼마나
　　　답답했을까요? 다들 선생님께 감사했을 것 같습니다.

칸토어　감사는 무슨⋯ 제가 무한을 연구하면서 얼마나 많은
　　　비난을 받았는지 아십니까? 독실한 기독교 신자인
　　　제게 무신론자라고 하지를 않나, 집합론을 두고 '죽음의
　　　역병'이라고 하질 않나. 정말 험한 말을 한두 번 들은 게
　　　아닙니다.

수르　마음고생이 심하셨겠습니다.

칸토어　그뿐만이 아니에요. 저를 가르쳤던 레오폴트 크로네커
　　　교수는 제가 베를린 대학교의 교수가 되지 못하게
　　　막았고, 수학 전문 학술지를 펴냈던 스웨덴의 수학자
　　　에스타 미타그레플레르는 제 논문을 실어 줄 수 없다며
　　　거부했어요. 이유가 뭔지 아십니까?

수날두　뭐였나요?

칸토어　제 논문이 시대를 너무 앞서갔다더군요. 그것도 무려
　　　100년이나 말이죠. 아니 그럼 100년을 기다리라는

말입니까? 하여간 제 이론을 제대로 이해하지 못한 수학자들 때문에 제가 얼마나 고생했는지 모릅니다.

수르 　듣는 제가 다 안타깝네요. 그런데 선생님의 연구를 이해한 수학자가 정말 한 사람도 없었나요?

칸토어 　저를 지지해 준 수학자도 있기는 했습니다. 다비트 힐베르트라는 친구인데 제 연구를 두고 이렇게 말했다더군요. "어느 누구도 칸토어가 만들어 준 낙원에서 우리를 쫓아낼 수는 없다"라고 말입니다.

수날두 　낙원이라니… 그야말로 극찬으로 들립니다.

모든 수는
집합으로 통한다

수르 　그럼 이 대목에서 선생님의 연구 내용을 들어 봐야 할 것 같습니다. 수의 성질을 집합으로 이해할 수 있다는 게 무슨 뜻인가요?

칸토어 　자연수나 정수, 유리수, 실수를 집합으로 나타내고 대응을 통해 집합 사이의 관계를 알아보는 겁니다. 집합이란 일정한 조건을 만족하는 원소들의 모임이잖아요. 집합을 나타내는 방법은 크게 두 가지가 있습니다. 하나는

원소들을 모두 나열하는 원소나열법이고, 또 하나는
원소의 조건을 제시하는 조건제시법입니다. 예를 들어
자연수 집합은 다음과 같이 두 가지로 나타낼 수 있어요.

{ 1, 2, 3, 4, 5, 6, … }　　=　　{ x|x는 자연수 }
　　원소나열법　　　　　　　　　조건제시법

수르 정수를 원소나열법으로 나타내면 { … -3, -2, -1, 0, 1, 2,
3, … }이 되겠군요. 유리수나 실수는 원소나열법으로 쓰기
어렵겠는데요?

칸토어 조금 까다롭지만 유리수는 가능합니다. 그런데 실수는
불가능해요.

수날두 왜죠?

칸토어 유리수는 셀 수 있는 무한집합이고, 실수는 셀 수 없는
무한집합이라 그렇습니다.

수날두 아니, 무한히 많은 유리수를 어떻게 셉니까?

칸토어 다 방법이 있습니다. 무한을 세는 방법은 유한을 세는
방법과 달라요. 유한집합은 '원소가 10개 있다, 100개
있다'라고 말할 수 있지만, 무한집합은 원소의 개수를 말로
표현할 수가 없거든요. 그래서 '대응'이라는 방법을 써서

집합의 크기를 비교합니다.

수르 　함수에서 배웠던 그 대응 말이죠?

칸토어 　맞습니다. 쉬운 질문을 하나 드려 보죠. 자연수 집합과
　　　　짝수 집합 가운데 어느 집합이 더 클까요?

수날두 　당연히 자연수 집합이 더 크죠. 원소의 개수가 정확히 두
　　　　배 많다고 할 수 있습니다.

칸토어 　정말 그럴까요? 자연수 집합과 짝수 집합을 나란히 놓고
　　　　원소를 하나씩 대응시켜 봅시다. 이렇게 원소를 빠짐없이
　　　　하나씩 대응시키는 것을 '일대일 대응'이라고 합니다.
　　　　함수를 $f(x) = 2x$로 정의하면 하나의 자연수가 정확히
　　　　하나의 짝수에 빠짐없이 대응하게 됩니다. 따라서 두
　　　　집합의 크기는 같다고 할 수 있죠.

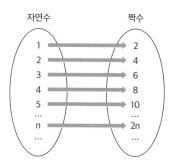

자연수에 하나씩 대응하는 짝수

수날두   어! 자연수 집합과 짝수 집합의 크기가 같다니… 못
          믿겠어요.

칸토어   놀라운 사실은 더 있습니다. 자연수 집합과 정수 집합의
          크기를 비교하면 어떨 것 같습니까?

수날두   정수에는 자연수와 음의 정수 그리고 0이 포함되잖아요.
          그러니까 자연수보다 2배 하고 1만큼 더 클 것 같은데
          아닌가요?

칸토어   아쉽게도 아닙니다. 이번에도 두 집합의 크기는 같습니다.
          아까와 마찬가지로 자연수와 정수의 원소들을 차례대로
          하나씩 대응시켜 보면 압니다. 그런데 정수를 자연수 1, 2,
          3…에 대응시킨다는 건 번호를 주는 일과 같습니다. 결국
          정수를 일정한 규칙에 따라 빠짐없이 나열하기만 하면
          자연수에 해당하는 번호를 부여할 수 있는 거죠.

수르   그렇다면 나열하는 순서에 숫자의 크기는 상관없겠군요.
          빠뜨리는 숫자만 없도록 늘어놓기만 하면 되니까요.

칸토어   그렇죠. 수르 씨가 정수를 한번 나열해 보시겠습니까?

수르   정수에서 기준점에 해당하는 0을 1번으로 놓고 싶네요.
          그다음에는 0을 중심으로 가까운 곳에서부터 먼 곳에
          이르기까지 순서대로 오른쪽과 왼쪽을 번갈아 가며
          번호를 붙여 주면 될 것 같습니다.

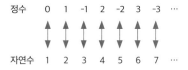

자연수에 하나씩 대응하는 정수

칸토어　잘하셨습니다. 이런 식으로 자연수에 해당하는 번호를
차례로 부여할 수 있는 집합은 모두 자연수 집합과 같은
크기가 되는 겁니다.

무한 세계로
무한 도전!

수날두　무한의 세계는 참 신기하네요. 그렇다면 제곱수의 집합도
자연수 집합과 같은 크기가 되겠군요. 1과 1^2, 2와 2^2, 3과
3^2 …과 같이 계속해서 하나씩 짝지어 나가면 되니까요.

칸토어　그렇습니다. 언뜻 생각하기에 제곱수나 짝수는
자연수보다 뜨문뜨문 나타나는 것 같지만 무한의 세계로
가면 두 집합에는 개수가 동일한 원소가 있는 겁니다.

수르　그래도 유리수는 다르겠죠? 수직선에 표시해 보면
유리수는 자연수와는 비교도 할 수 없을 만큼 촘촘하게

　　　　　　　　　　　　　　　　　　게오르크 칸토어

많이 찍히잖아요.

칸토어 죄송하지만 이번에도 두 집합의 크기는 같습니다.

수날두 네? 말도 안 돼요. 길게 볼 것도 없이 0과 1 사이에
존재하는 유리수만 해도 정말 어마어마하게 많잖아요.

칸토어 그래서 무한이 쉽지 않은 겁니다. 인간의 상식이나
직관과는 다를 때가 많거든요. 그렇다면 또 보여
줘야겠네요. 자연수와 유리수가 어떻게 일대일 대응이
되는지, 어떻게 번호를 붙일 수 있는지 말입니다.

수르 유리수를 빠짐없이 나열하려면 소수보다는 분수로
표현하는 게 좋겠네요.

칸토어 그렇죠. 먼저 분수 중에서 양수만 생각해 봅시다. 분모가
1일 때, 분자에 1부터 차례대로 자연수를 넣으면 자연수에
해당하는 분수가 만들어지겠죠? 그렇게 만들어진 분수를
1열에 나열합시다. 다음 열에는 분모가 2이고, 분자에
자연수가 오는 분수를 나열하죠. 이런 식으로 분모가 3, 4,
5, 6…인 분수를 모두 나열하면 됩니다. 이제 번호만 잘
붙여 주면 되겠죠? 맨 처음 쓴 $\frac{1}{1}$을 1번으로 놓고 위
그림처럼 지그재그로 번호를 붙이면 양수인 분수에
빠짐없이 번호가 매겨집니다. 이때 겹치는 분수는
건너뛰면 됩니다.

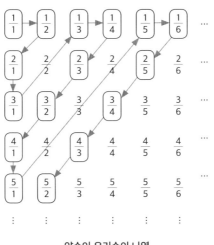

양수인 유리수의 나열

수날두   유리수에는 0도 있고, 음의 유리수도 있는데요?

칸토어   아까 정수에 번호를 어떻게 붙였는지 생각해 보세요. 0을 맨 앞에 놓고 양수와 음수를 번갈아 가며 배치했죠? 0과 음의 유리수도 마찬가지입니다. 0을 맨 앞에 놓고 음의 유리수도 양의 유리수 중간중간에 하나씩 끼워 넣으면 새로운 번호가 부여되는 겁니다.

수르   정리하자면 자연수와 정수, 홀수와 짝수, 제곱수와 유리수는 모두 크기가 같은 집합이라는 거군요. 정말 놀랍습니다.

게오르크 칸토어

무한집합의 크기를
나타내는 알레프

칸토어 이쯤 되면 무한집합의 크기를 표시할 수 있는 새로운
기호가 필요하겠죠? 유한집합처럼 개수로 표시할 수
없으니까요. 그래서 제가 알레프($\aleph$)라는 기호를 사용해서
집합의 크기를 표현해 봤습니다. 무한집합 중에서도
크기가 가장 작은 자연수 집합은 알레프 제로($\aleph_0$)가 되고요.

수날두 알레프는 뭔가요? 엑스(X)랑 다른 건가요?

칸토어 당연히 다르죠. 알레프는 히브리어의 첫 번째 문자입니다.
무한집합의 크기를 나타내는 기호로 알레프를 선택한
이유는 제게 유대인의 피가 흐르기 때문입니다.
유대인들에게 알레프는 신을 상징하거든요.

수르 신의 영역에 첫발을 내디뎠다는 뜻으로도 풀이될 것
같습니다.

칸토어 문제는 실수였습니다. 유리수까지는 자연수와 일대일
대응이 가능한데 실수는 그게 불가능하거든요. 실수는
정수나 유리수와는 차원이 다른 크기였어요. 셀 수 없는
무한이었으니까요. 그래서 저는 실수 집합의 크기를
C라고 봤습니다. C는 연속체를 뜻하는 Continuum의 첫

글자입니다.

수르   실수는 유리수와 무리수로 이루어지잖아요. 그런데 방금
유리수는 셀 수 있는 무한이라고 하셨으니까 아무래도
무리수가 셀 수 없는 무한이었나 봅니다.

칸토어   맞습니다. 저는 오랜 연구 끝에 무한에도 여러 차원이
있다는 것을 알아냈어요. $\aleph_0$를 넘어서는 또 다른 크기의
무한이 계속해서 존재하는 거죠. 그렇다면 실수 집합은
얼마나 큰 집합일까요? 저는 실수 집합이 $\aleph_0$ 다음으로 큰
무한인 $\aleph_1$이라고 생각했습니다. 제 가설이 맞다면 $C = \aleph_1$이
되는 거죠.

수르   자연수와 실수 사이에는 다른 차원의 무한이 없다는
말씀이군요.

칸토어   제 생각이 그렇다는 겁니다. 아직까지 증명되지는
않았어요. 제가 남긴 유명한 연속체 가설이 바로 저
내용입니다.

수날두   증명이 안 돼서 아직까지 '가설'로 남아 있군요. 그런데
내용이 너무 어려워 보여서 도전하기가 쉽지 않겠는데요?

칸토어   그렇다면 조금 더 쉽고 재미있는 증명에 도전해
보시겠어요? 수직선 위에 있는 점과 평면 위에 있는 점의
개수를 비교하면 어떨 것 같습니까?

     게오르크 칸토어

수날두 설마 이번에도 같나요?

칸토어 네. 같습니다. 궁금하면 한번 증명해 보세요. 차원이 다른 두 공간에 일대일 대응이 만들어진다는 게 얼마나 신기한지 모릅니다. 저 역시 증명을 보면서도 믿을 수 없었거든요.

수르 보면서도 믿을 수 없는 증명이라니… 저도 해보고 싶네요. 끝으로 하시고 싶은 말씀이 있으면 해주실까요?

칸토어 수학의 본질은 자유로움에 있습니다. 수학은 인간의 유한한 경험과 사고를 뛰어넘게 하는 유일한 분야거든요. 그러니 수학도 무한도 너무 두려워하지 말고 도전해 보세요. 그러면 벽 너머 수학의 매력에 한 발짝 다가설 수 있을 겁니다.

Q&A
: 그것에 답해 드림

올라프 방금 수직선 위에 있는 점과 평면 위에 있는 점의 개수가 같다고 하셨는데, 그걸 어떻게 알 수 있나요?

칸토어 평면에 있는 점의 개수가 수직선에 있는 점의 개수보다

많을 것 같죠? 유리수 집합의 개수가 자연수 집합의
개수보다 많아 보이는 것처럼요. 저 역시 처음엔 그렇게
생각했습니다. 증명을 하기 전까지는요. 그럼 어떻게 이런
결과가 나올 수 있었는지 하나씩 베일을 벗겨 봅시다.

먼저 수직선은 1차원이고 평면은 2차원인 건 다들 알고
계시죠? 당연한 얘기지만 수직선과 평면에는 모두
무한히 많은 점이 있습니다. 그 수많은 점을 표시할
때 수직선에서는 $P(a)$와 같이 좌표 1개로 나타냅니다.
평면에서는 $Q(x, y)$와 같이 좌표 2개를 순서쌍으로
나타내고요. 이때 좌표로 사용되는 수는 모두 실수입니다.
그리고 모든 실수는 무한소수로 표현이 가능해요. 예를
들어 무리수 $\sqrt{2}$ 는 1.41421356…과 같이 순환하지 않는
무한소수잖아요. 또 유리수 중에 정수 1은 0.9999…로,
유한소수인 0.5는 0.49999…로 나타낼 수 있습니다.

그럼 본격적으로 수직선과 평면 위의 점 개수를 비교하기
위해 범위를 줄여 봅시다. 수직선은 0과 1 사이의
구간으로, 평면은 원점을 중심으로 한 변의 길이가 1인
정사각형의 내부로 생각하는 겁니다. 만약 0과 1 사이의
구간과 한 변의 길이가 1인 정사각형의 내부 사이에
일대일 대응이 존재한다면 점의 개수는 같겠죠? 나아가

구간을 늘려도 같은 성질이 나타날 겁니다. 그러니 우리가 해결해야 할 문제는 하나입니다. 일대일 대응을 어떻게 만들어 줄 것이냐!

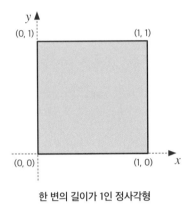

한 변의 길이가 1인 정사각형

제가 생각한 방법은 이렇습니다. 한 변의 길이가 1인 정사각형 내부의 점 (x, y)를 $(0.a_1a_2a_3a_4 \cdots, 0.b_1b_2b_3b_4 \cdots)$와 같이 표시합니다. 그러면 정사각형 내부에 있는 모든 점을 표시할 수 있겠죠. 이제 순서쌍을 이루는 두 좌표의 소수 부분을 번갈아 나열하여 또 다른 수를 하나 만듭니다. 그 수는 $0.a_1b_1a_2b_2a_3b_3a_4b_4 \cdots$가 됩니다. 0과 1 사이의 수직선 위에서 유일하게 존재하는 수이지요. 그것도 빠짐없이 말입니다. 따라서 정사각형에 있는 모든 점들은 수직선의 0과 1 사이의 수들과 일대일로 대응하게 됩니다.

유클리드 1등 제자	유클리드 선생님이 쓴 《원론》을 보면 5번 공리가 '전체는 부분보다 크다'라고 나와 있습니다. 너무 당연한 사실이라 한 번도 의심해 보지 않았는데 선생님께서는 '부분이 전체와 같아질 수도 있다'라고 하셨더군요. 그럼 유클리드 선생님의 5번 공리는 틀린 건가요?
칸토어	결론부터 말씀드리자면 틀리지 않습니다. 유클리드 기하학이나 유한한 세계에서는 전체가 부분보다 항상 크니까요. 만약 5번 공리가 틀렸다면 그 내용은 수학 세계에서 이미 사라졌을 겁니다. 엄격하고 치밀한 수학자들이 틀린 공리를 세상에 남겨 둘 리 없으니까요. 그렇다면 여러분은 유클리드의 5번 공리라는 존재 자체를 몰랐을 테고, 이런 질문이 나오지도 않았을 겁니다. 그럼 '전체가 부분보다 크지 않다'는 5번 공리의 부정을 어떻게 이해해야 할까요? 앞서 나누었던 이야기 중에 답이 있습니다. 자연수 집합과 짝수 집합의 크기가 같았다는 사실 기억하시죠? 짝수 집합은 분명 자연수 집합의 부분 집합인데 막상 두 집합의 크기를 비교해 보면 같잖아요. 자연수 집합과 정수 집합, 자연수 집합과 유리수 집합도 마찬가지입니다. 부분 집합과 전체 집합의 크기가 같아질 때도 있는 거예요. 이런 일이 일어나는 이유는 하나입니다.

게오르크 칸토어

자연수, 정수, 유리수의 집합이 모두 무한집합이기 때문이죠. 전제를 유한에서 무한으로 바꾸면 전혀 다른 결론에 다다릅니다. 마치 유클리드 기하학과 비유클리드 기하학처럼 말이죠. 생각해 보세요. 유클리드 기하학에서는 직선 밖의 한 점에서 그을 수 있는 평행선이 딱 하나였잖아요. 반면에 비유클리드 기하학에서는 평행선이 여러 개 있거나 아예 없을 수도 있어요. 기하학의 전제가 되는 공간이 어디냐에 따라 전혀 다른 결론에 다다르는 것이죠. 그런데 비유클리드 기하학이 등장했다고 해서 유클리드 기하학이 사라졌나요? 아니잖아요. 5번 공리도 마찬가지입니다. 오히려 유한에 머물던 사고를 무한의 영역으로 뻗어 가게 도와주었죠. 쉽게 말해 기본 전제가 다른 세상에서는 전혀 다른 법칙이 존재하는 겁니다.

힐베르트의 무한 호텔

칸토어의 이론을 비판하고 조롱했던 수학자들의 반대편에 서서 그의 이론을 지지했던 수학자가 있었다는 말 기억나? 바로 다비트 힐베르트였어. '수학사의 마지막 거인'이라고 부를 만큼 위대한 독일의 수학자였지. 힐베르트는 칸토어의 집합론을 어떻게 하면 사람들에게 좀 더 쉽게 알려 줄 수 있을까를 고민했어. 그러다가 객실의 개수가 무한인 호텔을 생각해 냈지. 힐베르트의 무한 호텔 이야기를 한번 들어 볼래?

먼저 객실이 200개 있는 일반적인 호텔을 떠올려 봐. 만약 내가 호텔에 머물려고 했던 날 객실이 꽉 찼다면 나는 당연히 객실이 남아 있는 다른 호텔로 가야 할 거야. 그런데 만약 내가 찾은 호텔에 객실이 무한하다면 얘기가 달라져. 모든 객실이 꽉 찼어도 내가 머물 객실을 만들 수 있거든. 방법은 간단해. 손님들의 방을 한 칸씩 뒤로 옮기면 돼. 1번 방 손님은 2번 방으로, 2번 방 손님은 3번 방으로, n번 방 손님은 n + 1번 방으로 가면 되는 거지. 그럼 나는 비어 있는 1번 방에 묵을 수 있어.

문제는 손님이 1명이 아니라 무한히 많을 때야. 객실이 이미 꽉 차서 손님을 받을 수 없을 것 같잖아. 그런데 그렇지 않아. 이번에도 무한히 많은 손님을 위해 방을 마련할 수 있어. 물론 아까와는 다른 전략이 필요하지. 아까는 방을 한 칸씩 뒤로 옮겼지만 이번에는 방 번호가 2배인 방으로 옮기는 방법을 써야 하거든. n번 방 손님이 $2n$번 방으로 가는 거야. 예를 들어 1번 방 손님은 2번 방으로, 2번 방 손님은 4번 방으로, 3번 방 손님은 6번 방으로 옮겨. 그러면 번호가 홀수인 방들이 비게 되잖아. 그 방에 무한히 많은 손님을 묵게 하면 문제가 해결돼. 이런 식이라면 호텔 객실이 모두 찬 상황에서도 얼마든지 더 많은 손님을 받을 수 있겠지? 정말 무한의 신비가 느껴지는 이야기 같아.

그런데 간혹 이런 질문을 하는 친구가 있어. 방을 옮길 때 1번에서 2번, 2번에서 4번으로 옮기는 건 충분히 가능하지만 n이 더 커지면 힘들어지지 않겠냐고 말이야. 실제로 100번 방 손님을 200번 방으로, 1만 번 방 손님을 2만 번 방으로 옮기는 일은 보통 일이 아닐 거야. 더구나 n이 무한이니까 n번 방 손님을 $2n$번 방으로 옮길 때, 시간도 무한히 오래 걸릴 수 있어. 축지법을 쓰거나 순간 이동을 하지 않는 한 유한한 시간 안에 다음 방으로 이동하는 건 불가능하지. 현실에서는 말이야. 그런데 지금까지 배웠듯이 무한이란 현실을 뛰어넘는 상상의 세계잖아. 점, 선, 면도 상상 속에서만 정확하게 그릴 수 있는 것처럼 말이야. 그러니 힐베르트의 무한 호텔 이야기는 SF 영화를 즐기듯 상상의 나래를 펼치면서 이해하는 게 좋을 것 같아.

알수록 빠져드는 수학의 매력 속으로

수르   피타고라스를 시작으로 유클리드, 아르키메데스, 데카르트, 페르마, 파스칼 그리고 칸토어까지. 수학자 일곱 분을 모시고 진행했던 라이브 방송이 드디어 끝이 났습니다. 수날두 씨, 어떠셨습니까?

수날두   지금까지 했던 방송 중에 이해도 최고! 만족도도 최고입니다. 저 같은 수포자가 레전드 수학자들에게 직접 설명을 듣고 질문까지 하다니… 제 인생에 다시 없을 경험이었던 것 같습니다. 그리고 솔직히 저 좀 잘하지 않았습니까?

수르   맨 끝에서 1등이라는 말을 믿기 어려울 만큼 정말 잘하셨습니다. 학창 시절 수포자였다는 게 진짜인가 싶었어요.

수날두   제가 왜 수학을 포기했을까요? 지금 생각하니 후회가

막심합니다. 방송에서처럼 수학을 쉽고 재미있게
배웠더라면 아마 포기하지 않았을 것 같습니다.

수르 솔직히 저는 수학을 매우 잘하는 학생이었는데도 수학이
재미있지는 않았거든요. 문제 푸는 기계처럼 풀이와
정답에만 집중해서 그랬던 것 같습니다.

수날두 수학을 잘하는 학생들은 당연히 수학을 좋아하는 줄
알았는데 그렇지 않기도 하군요.

수르 이번 방송이 저에게 특별했던 이유가 바로 그겁니다.
딱딱한 이론과 복잡한 문제로만 알던 수학을
말랑말랑하고 재미있는 이야기로 만날 수 있어서
좋았거든요. 피타고라스의 정리가 페르마의 마지막
정리로 거듭난 이야기나 천장에 붙은 파리를 보면서
좌표를 생각해 낸 데카르트 선생님의 이야기는 다시
들어도 참 영화 같았습니다.

수날두 저는 수학 교과서가 무려 2,300년 전 책인 《원론》에서
비롯되었다는 사실이 특히 놀라웠습니다. 확률이라는
분야가 도박사 친구의 질문에서 시작되었다는 것도 처음
알았고요.

수르 수학자분들과 방송을 함께하는 내내 학창 시절에 수학을
이렇게 배웠더라면 훨씬 재밌었겠구나 하는 생각이 저

역시 들었습니다.

수날두 아무래도 수학자 특집 2탄을 준비해야 할 것 같은데요?
수포자뿐 아니라 수학을 잘하는 학생에게까지 수학의
즐거움을 선사하는 방송이 세상에 또 어디 있겠습니까?

수르 그런가요? 채팅창 댓글을 보니 구독자분들도 저희와
같은 마음인 것 같습니다. "처음엔 수학이 없어졌으면
좋겠다고 생각했는데 방송을 보고 나니 생각이
바뀌었어요", "지금부터라도 수학과 친해지려
노력할래요!", "2탄 바로 갑시다", "다음 출연진은 수학
천재 가우스와 오일러인가요?" 같은 댓글이 계속해서
올라오고 있습니다.

수날두 그럼 당장 가시죠. 수학자 특집 2탄에 출연하실 분들을
섭외하러요.

수르 그전에 마무리 멘트 같이 하실까요?

수날두 좋습니다!

수르 지금까지 라이브 방송을 시청해 주신 구독자분들께
너무나 감사하다는 말씀을 드리면서!

수날두 2탄도 기대해 주세요. 커밍순!

참고 자료

책

Alfred S. Posamentier and Christian Spreitzer, 《Math Makers》, Prometheus Books, 2020

EBS 〈문명과 수학〉 제작팀, 《문명과 수학》, 민음인, 2014

EBS미디어, 《수와 문자에 관한 최소한의 수학지식》, 가나출판사, 2017

EBS미디어, 《함수, 통계, 기하에 관한 최소한의 수학지식》, 가나출판사, 2017

권현직, 《아르키메데스가 들려주는 다면체 이야기》, 자음과모음, 2008

권터 치글러, 여상훈 옮김, 《수학여행자를 위한 안내서》, 들녘, 2011

김성수·이형빈, 《수포자의 시대》, 살림터, 2019

김정희, 《소설처럼 아름다운 수학 이야기》, 혜다, 2018

로버트 스네덴, 《수학의 역사를 만든 놀라운 발견들》, 북스힐, 2020

마이클 아티야·알랭 콘·세드릭 빌라니·김민형 외, 권지현 옮김, 《수학자들》, 궁리, 2014

모리 쓰요시, 김경은 옮김, 《청소년을 위한 수학자 이야기》, 살림Friends, 2015

미카엘 로네, 김아애 옮김, 《수학에 관한 어마어마한 이야기》, 클, 2018

박형주, 《내가 사랑한 수학자들》, 푸른들녘, 2017

방승희,《저·8·계의 수학나라》, 동녘, 2011

벤 올린, 김성훈 옮김,《이상한 수학책》, 북라이프, 2020

안수진,《칸토어가 들려주는 무한 이야기》, 자음과모음, 2008

에르하르트 베렌츠, 김진아 옮김,《침팬지도 이해하는 5분 수학》, 살림Math, 2012

이광연,《수학, 인문으로 수를 읽다》, 한국문학사, 2014

이무현,《세상을 바꾼 수학자들 이야기》, 교우사, 2017

이언 스튜어트, 노태복 옮김,《교양인을 위한 수학사 강의》, 반니, 2016

존 더비셔, 고중숙 옮김,《미지수, 상상의 역사》, 승산, 2009

지즈강, 권수철 옮김,《수학의 역사》, 더숲, 2011

차이텐신, 정유희 옮김,《수학과 문화 그리고 예술》, 오아시스, 2019

콜린 베버리지, 김종명 옮김,《한 권으로 이해하는 수학의 세계》, 북스힐, 2019

클리퍼드 픽오버, 김지선 옮김,《수학의 파노라마》, 사이언스북스, 2015

키스 데블린, 석기용 옮김,《수학으로 이루어진 세상》, 에코리브르, 2003

티모시 가워스·준 배로우-그린·임레 리더 외, 권혜승·정경훈 옮김,《The Princeton Companion to Mathematics 2》, 승산, 2015

웹사이트

맥 튜터 mathshistory.st-andrews.ac.uk

니카라과공화국 기념우표 https://www.artpublikamag.com/post/cool-nicaraguan-stamps-featuring-ten-of-the-most-important-math-formulas-in-history-issued-in-1971

다른 포스트

뉴스레터 구독

수학 인터뷰, 그분이 알고 싶다
역대급 수학자 7명과의 신개념 수학 토크

초판 1쇄 2024년 1월 27일

지은이 문태선

펴낸이 김한청
기획편집 원경은 차언조 양희우 유자영
마케팅 현승원
디자인 이성아 박다애
운영 설채린

펴낸곳 도서출판 다른
출판등록 2004년 9월 2일 제2013-000194호
주소 서울시 마포구 동교로 27길 3-10 희경빌딩 4층
전화 02-3143-6478 **팩스** 02-3143-6479 **이메일** khc15968@hanmail.net
블로그 blog.naver.com/darun_pub **인스타그램** @darunpublishers

ISBN 979-11-5633-597-9 43410

다른 생각이
다른 세상을 만듭니다